职业教育工业设计专业教学资源库配套教材
浙江省课程思政教学项目配套教材
高等职业教育“互联网+”新形态一体化教材

产品设计与油泥模型制作

主　编　张珊珊　倪　昀　童春铭
副主编　郑向阳　陈王辉　陈　龙
参　编　孟　闯　潘　林　吴贵强
　　　　王斯敏　朱彬彬　谭　亮
　　　　谷　雨　王文仲　叶星凯

机械工业出版社
CHINA MACHINE PRESS

本书为职业教育工业设计专业教学资源库配套教材，对接模型制作岗位，依据国家教学标准和人才培养方案，从专业设计公司引进真实项目案例、引入模型制作行业新标准，以产定教。

全书以“项目串接”方式设计5个项目。项目1和2为初段项目，项目3和4为较为复杂的中段项目，项目5为高段项目。5个项目从简单形体到复杂产品，内容相互衔接递进，使学生通过完成项目提升知识技能，在“刮、磨、观、修”的实际操作中获得成就感。

本书适合作为高等职业教育本科和专科工业设计、产品设计、艺术设计等专业的教材，可根据不同学时要求选择教学内容，也可作为设计爱好者用来提升实战水平的专业用书。

本书配有电子课件，可登录机械工业出版社教育服务网 www.cpmedu.com 下载，咨询电话 010-88379375。

图书在版编目（CIP）数据

产品设计与油泥模型制作 / 张珊珊，倪昀，童春铭主编. -- 北京 : 机械工业出版社，2025. 6. --（高等职业教育“互联网+”新形态一体化教材）. -- ISBN 978-7-111-78457-9

I. TB47

中国国家版本馆CIP数据核字第2025Z3K110号

机械工业出版社（北京市百万庄大街22号　邮政编码100037）
策划编辑：杨晓昱　　责任编辑：杨晓昱　刘益汛
责任校对：牟丽英　王　延　　封面设计：马精明
责任印制：单爱军
中煤（北京）印务有限公司印刷
2025年8月第1版第1次印刷
210mm×285mm · 10.75印张 · 251千字
标准书号：ISBN 978-7-111-78457-9
定价：69.00元

电话服务
客服电话：010-88361066
010-88379833
010-68326294

网络服务
机　工　官　网：www. cmpbook. com
机　工　官　博：weibo. com/cmp1952
金　书　网：www. golden-book. com
机工教育服务网：www. cmpedu. com

前言

微课 0-1
课程总导航 1

微课 0-2
课程总导航 2

随着科技的飞速进步和经济全球化趋势的不断深入，工业设计作为连接技术与市场的桥梁，正以前所未有的速度推动着产品的创新与升级。在这个充满挑战与机遇的时代，产品设计不仅关乎美学与功能的完美融合，更涉及用户体验、可持续发展等多个维度。油泥模型制作作为产品设计流程中不可或缺的一环，其重要性日益凸显。

油泥模型制作是设计师将创意构思转化为实体形态的关键步骤，不仅能够直观地展现设计理念，还能够通过不断地推敲与修正，使产品更加符合人体工学、材料工艺及市场需求。油泥模型制作过程不仅考验设计师的空间想象能力和动手能力，更培养了他们面对问题时的解决能力和创新思维。

本书对接模型制作师的岗位，依据国家教学标准和人才培养方案，以"德技并修"为课程目标，与前置课程"产品三维建模"和后续课程"产品设计综合实训"紧密衔接。本书从知识、能力和素质三个维度，培养学生系统掌握油泥模型制作原理与技能，提升实践操作、创新设计和团队协作能力，尤其注重工匠精神、创新意识和环保意识等职业素质养成，有效落实立德树人任务，助力学生从学徒到模型制作师职业成长。本书旨在通过系统化的教学与实战演练，帮助学生掌握油泥模型制作的核心技能，实现从理论到实践的跨越。

本书结合专业设计公司的真实案例、引入模型制作行业新标准，以产定教。以"项目串接"方式设计了5个项目。

项目1和2为初段项目，学生"学着做"，掌握模型制作的基本知识和初级技能，感受精益求精的工匠精神。

项目3和4为较复杂的中段项目，学生"跟着做"，熟悉企业模型制作岗位的标准工作流程，掌握真实产品油泥模型的制作要点，强化职业道德和责任意识。

项目5为高段项目，以实际产品汽车造型为案例，学生“创着做”，培养学生从模型设计到制作全过程的实施能力，同时培养学生的团队协作能力、创新能力和解决问题能力。

5个项目从简单形体到复杂产品，内容相互衔接递进。学生通过完成项目提升知识技能，在“刮、磨、观、修”中获得成就感。

我们希望，通过本书的学习，学生能够掌握产品模型设计的核心技能，具备独立思考和解决问题的能力，为未来的职业发展打下坚实的基础。同时，我们也希望学生能够保持对设计的热情和好奇心，不断探索和实践，为推动产品创新和社会进步贡献自己的力量。

本书为职业教育工业设计专业教学资源库配套教材，模拟岗位实战，读者可通过扫描书中二维码观看视频，我们希望通过这本书，能够激发更多同学对设计的热爱与追求，共同推动设计行业的发展与进步。

由于编者水平有限，书中难免有疏漏之处，敬请读者不吝赐教，批评指正。

编者

二维码清单

（续）

目 录

初段 01

项目 1

平面体训练——长方体

知识目标

- 掌握油泥的特性。
- 深化对长方体形态构成的基本元素——点、线、面的理解。
- 掌握油泥模型的基本制作流程。

技能目标

- 掌握基础的油泥操作技巧，如推泥、刮削与切割等。
- 掌握长方体的棱角和基准平面的形态塑造方法，掌握其比例关系和线条勾勒。
- 能够完成长方体的细节处理和后期完善，如修整边缘、填补缝隙、调整形态等。
- 提高对空间比例和尺寸的把控能力。

素质目标

- 培养细致认真的工作态度。
- 培养发现问题、分析问题和解决问题的能力。

项目引入

微课 1-1
项目 1 导航

在产品设计和工业造型的广阔领域中，平面的塑造技能不仅是基石，更是工匠精神的重要载体。作为基本几何形体，长方体的制作不仅考验着设计师和模型制作者的专业素养，更是对国家质量标准的具体实践。掌握长方体的制作技巧，不仅能够提升后续复杂形体制作的精准度，还能在设计中融入对安全、质量及创新的深刻理解。

初学者在长方体制作过程中经常遇到尺寸不准确、表面不平整等问题，这些问题不仅影响模型的美观度，更可能削弱设计作品的实用性和安全性，进而影响工业产品的质量。

为精准掌握长方体的制作技巧，本项目将进行油泥模型制作的平面体训练——长方体制作。从材料挑选、工具运用到具体制作流程，我们进行详尽的阐述。通过亲自动手操作，学生将逐步领悟油泥的特质和制作技巧，掌握制作精准、平滑长方体的要领，从而培养职业素养和工匠精神。

材料、设备和工具

项目材料、设备和工具清单见表1–1。

表1–1　材料、设备和工具清单

材料	设备	工具
两条油泥（图1–1） 一块ABS板，约2mm厚（图1–2）	1台油泥烘箱（图1–3） 1台吸尘器	油泥刮刀、刮板工具组（图1–4） 钢制修整刀（可多组共享） 钢直尺、直角尺、水平画线仪、游标卡尺各1个（可多组共享） 割圆器、美工刀各1个 基本文具及绘制纸张若干 铲刀、羊毛刷各1个

图1–1　油泥

图1–2　ABS板

图1–3　油泥烘箱

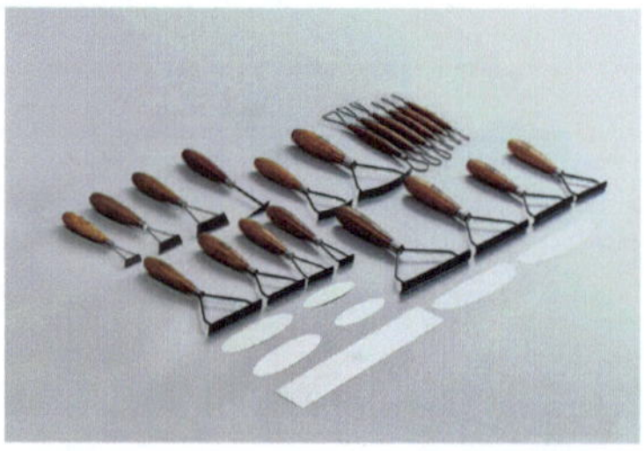

图1–4　油泥刮刀、刮板工具组

项目描述

形体在空间中的表达是自由而宽广的。同样，油泥塑形由最基础的构成元素为引导，使学生循序渐进地进入油泥造型的领域。

如图1–5和图1–6所示，在堆叠油泥之后，用平面刮刀、矩形刮板等刮削平面、精准修整长方体。制作的完整流程包括使用矩形刮板，并展示如何在空间维持尺寸与直角。在此过程中，将介绍实体测量中线投影的使用方法，使学生能亲手实践。

图 1-5　刮削平面

图 1-6　精准修整长方体

项目实施

长方体制作项目实施流程如图 1-7 所示。

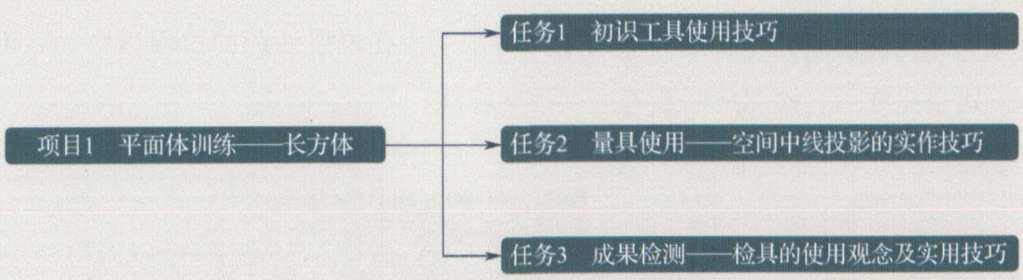

图 1-7　长方体制作项目实施流程

任务 1
初识工具使用技巧

扫描二维码，跟随视频，学习工具使用技巧。

微课 1-2　初识工具使用技巧

步骤 01　堆叠油泥

如图 1-8 和图 1-9 所示，油泥堆叠的要求：长方体的长、宽、高的尺寸分别是 200mm、100mm、50mm。先堆叠油泥大体样型，堆叠油泥的方法没有限制。在堆叠油泥的过程当中，尽可能地将长方体的直角复原。堆叠完成后，检测尺寸是否达到预期标准。

图 1-8　模型油泥堆叠的成果参考

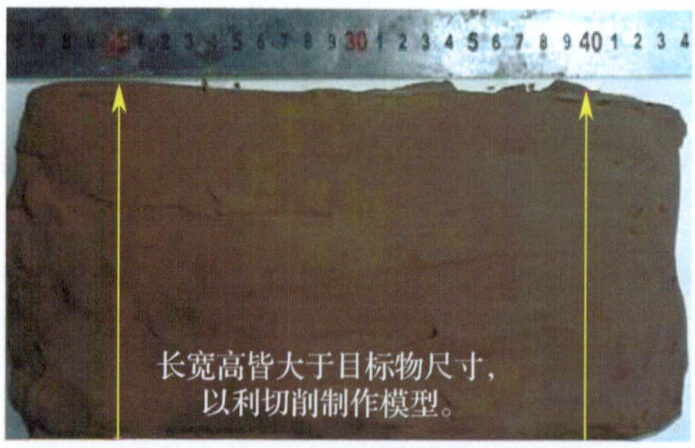

图 1-9　模型油泥堆叠的尺寸标准

步骤 02　刮削基准平面（顶面）

用直角刮刀带齿的一面迅速切削出一个基础平面。如图 1-10 所示，在用直角刮刀切削时，要交叉运刀，这样可以使油泥每个面上的受力点更加均衡。

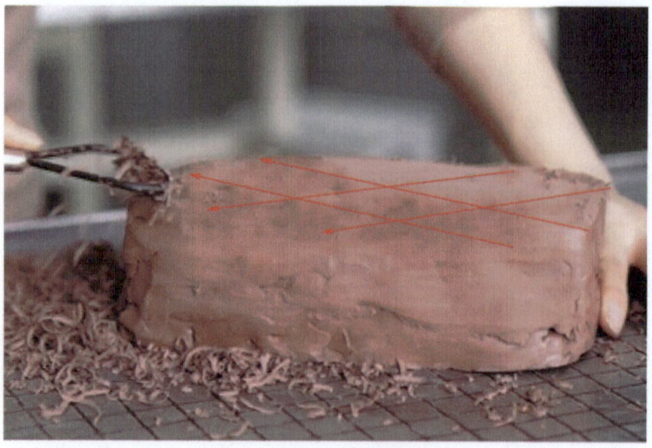

图 1-10　交叉切削

如图1–11所示，在刮削过程中，长方体的某些面可能会形成凹陷。这些凹陷区域需要用油泥进行局部填补。填补时，可选择推或勾的手法，确保填补面平整。填补完成后，利用直角刮刀迅速削去多余的油泥。

当平面上看不到凹陷区域（平整度控制在0.5mm之内）后，用直角刮刀对油泥进行大面积的平整处理。如图1–12所示，再用矩形刮板进行细修，将平整度控制在0.5mm以内。

图1–11　局部填补

图1–12　矩形刮板细修

Tips

检测是否漏光的方法如图1–13所示。

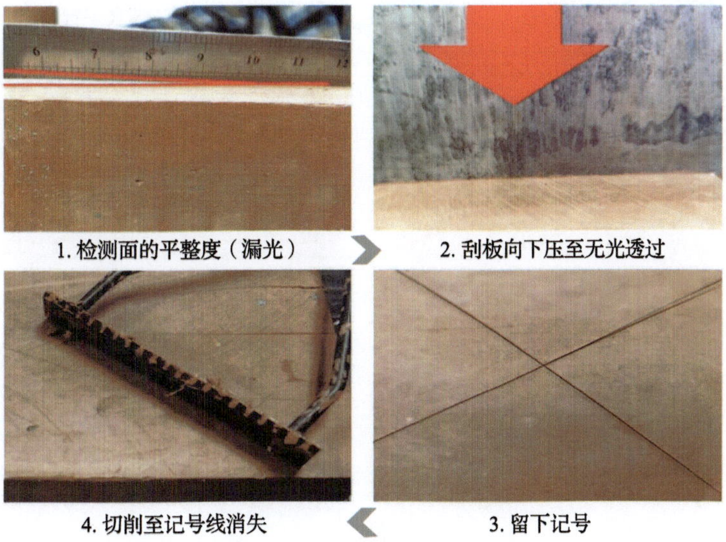

图1–13　检测是否漏光的方法

步骤 03 定立面基准线

如图 1-14 所示，使用直角尺和钢直尺在基准面上精确地画出矩形的四条边界线。平行对边可以用分规（圆规）辅助作图。垂直的邻边可以用直角尺或标尺作图法来确定直角。完成后，用对角线检测尺寸和角度是否有误差。

图 1-14　定立面基准线

Tips

基准线的绘制方法如图 1-15 所示。

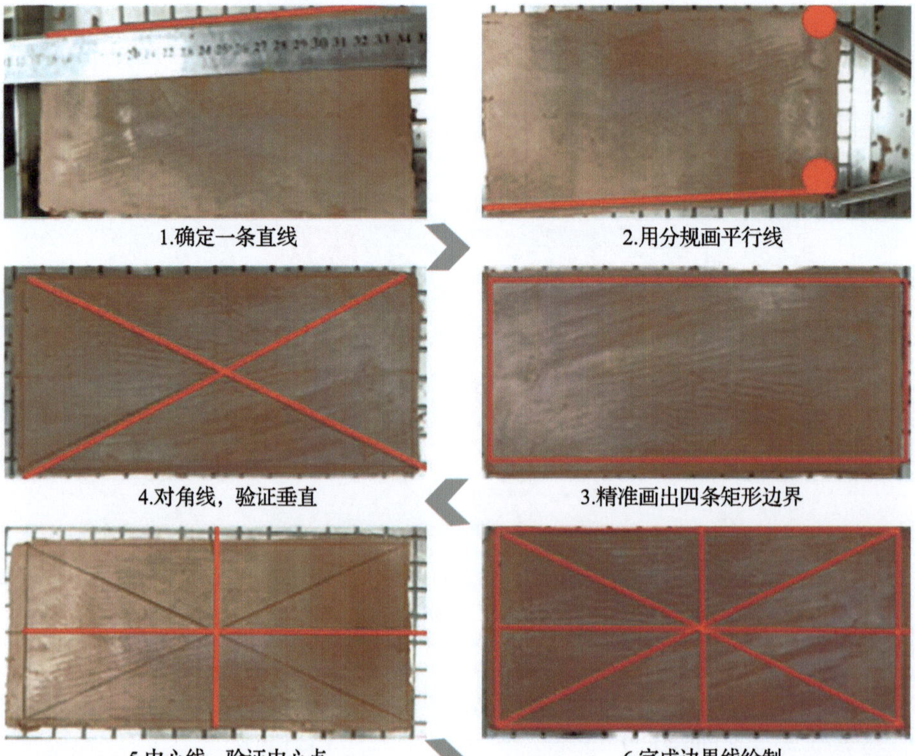

图 1-15　基准线的绘制方法

步骤 04 切削顶面边界至基准线

如图1-16所示，当平面上的四条基准线都正确无误后，开始刮削基准平面上多余的区域。用直角刮刀快速地切削至参考线。

如图1-17所示，当刮到0.5mm以内时，改用矩形刮板更精准地刮出棱线。直到两个平面的交线完全重合于设定的基准线，即算完成。

图 1-16　直角刮刀切削多余区域

图 1-17　刮板精准刮出棱线

Tips

1）为确保长方体的平面和侧边的空间定位精准，需同时完成四个立面的空间处理。

2）制作过程中如果出现失误，多余的部分就刮掉，不足的部分就补充。填补油泥后，重复步骤01和步骤02的工作。

任务 2
量具使用——空间中线投影的实作技巧

扫描二维码，跟随视频，学习量具使用——空间中线投影的实作技巧。

微课 1-3　量具使用——空间中线投影的实作技巧 1

步骤 01　划截面线，确定高度

如图1–18所示，翻转模型，选用高度规，确定尺寸，并拧紧高度规上的螺钉。

如图1–19所示，缓缓推动高度规，划出四条截面线，可来回推几次，使截面线更加清晰和准确。

如图1–20所示，以截面线为参照线，使用直角刮刀切削参照线以上多余的油泥。
（切削方法参照项目1任务1的步骤02和步骤03）

如图1–21所示，当平面接近基准线，且距离小于0.5mm后，利用刮板使平面更加平整。

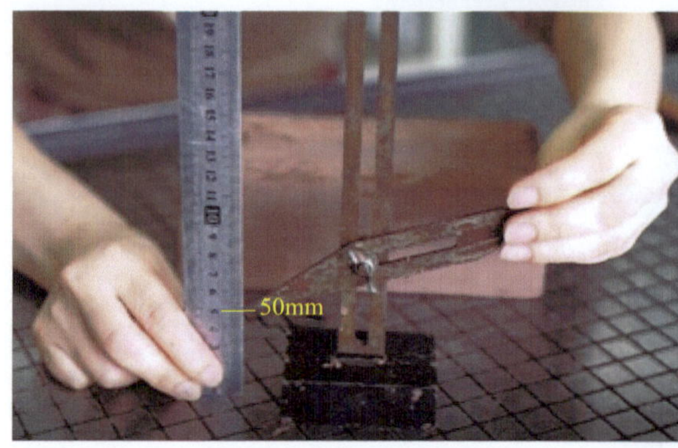

图 1–18　高度规确定尺寸

图 1–19　划四条截面线

图 1–20　切削参照线以上多余的油泥

图 1–21　刮板刮削

步骤 02 刮削底面至截面线

如图1-22所示，将直角尺紧贴长方体侧面，添加油泥，使上下两点位于同一条垂直线上。然后用刮刀切削掉多余的油泥。

如图1-23所示，切削完成后，再次用直角尺进行检测。当投影线正确时，用美工刀在油泥上做标记，确定投影点。

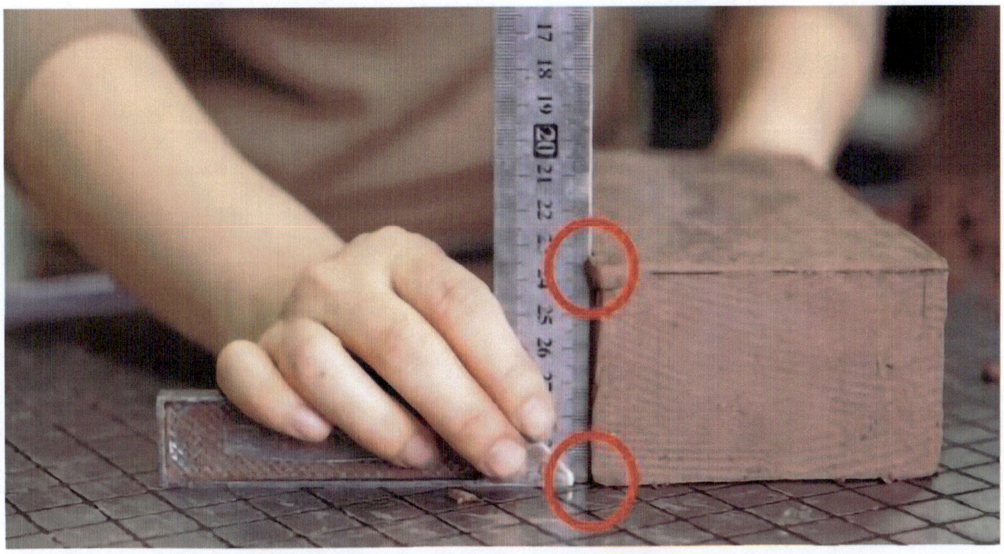

图 1-22 上下两点位于同一条垂直线上

图 1-23 美工刀做标记

步骤 03 底面边界投影至顶面并切削立面

如图1-24所示，通过底面投影线投上来的四个点，将四个点连接起来，两点确定一条直线，划四条基准线。

如图1-25所示，按照四条基准线将多余的油泥切削掉，重复项目1任务1步骤02和步骤03，用直角刮刀快速切削多余的油泥，直到接近基准线。

如图1-26所示，当整个面的平整度在0.5mm以内时，用刮刀进行细修，将面修平整。

如图1-27所示，检测面的平整度，用刮片检测是否漏光，若漏光，将平面的误差控制在0.5mm内，即为合格。

图1-24　划四条基准线

图1-25　切削基准线外的油泥

图1-26　刮刀细修

图1-27　刮片检测是否漏光

任务 3
成果检测——检具的使用观念及实用技巧

扫描二维码，跟随视频，学习检具的使用观念及实用技巧，检测成果。

微课 1-4　成果检测——检具的使用观念及实用技巧 1

步骤 01　检测面的平整度：36个检测点

如图1-28和图1-29所示，检测六个面，随机检测36个点。

油泥与钢尺之间的缝隙超过0.5mm且有两处以上漏光均为不合格。每个面上肉眼可见的凹陷、坑洞、刀痕等超过3处，亦为不合格。单个面无凹陷、坑洞、刀痕等，加1分。

图 1-28　对角线检测

图 1-29　平面的检测

步骤 02　检测棱线垂直度：两个主面的八条线，8个检测点

如图1-30所示，检测各棱线的垂直度，两个主面的八条棱线，总计8个检测点。

油泥与钢直尺之间的缝隙超过0.5mm且有两处以上漏光均为不合格。相交线不清晰、断续、错落等，亦为不合格。

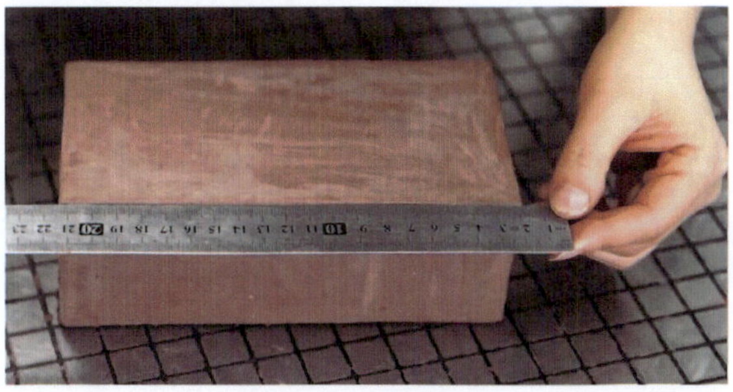

图 1-30　棱线的检测

步骤 03 检测直角：16个检测点

如图1–31所示，使用直角尺依次检测各棱角的垂直度，总计16个检测点。

油泥与钢直尺之间的缝隙超过0.5mm且有两处以上漏光均为不合格。

图 1-31　直角的检测

步骤 04 检测边的尺寸：12个检测点

如图1–32、图1–33、图1–34所示，用钢直尺检测各尺寸的精准度，依序检测八个尺寸，总计12个检测点。

尺寸偏差超过0.5mm为不合格。

图 1-32　长度的检测

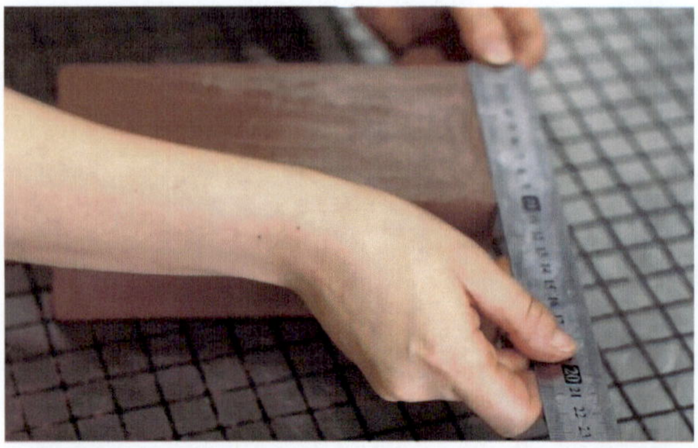

图 1-33　宽度的检测

图 1-34　高度的检测

常见错误纠正

序号	名称	二维码
纠错1-1	面的平整度不达标	
纠错1-2	棱线及直角做不到垂直	

初段

项目 2 02

曲面体训练——圆柱体

知识目标

- 掌握单一曲面圆柱体的制作技巧。
- 掌握空间中线在物体中的投影技巧。

技能目标

- 精通圆柱体的塑造方法。
- 能用检具检验圆柱体的圆周尺寸与形态。

素质目标

- 培养创新思维与设计意识。
- 提升空间感知与审美能力。

项目引入

在产品设计和工业造型领域中，曲面制作是一项重要且基础的技能。圆柱体作为曲面体的基础形态之一，对于设计师和模型制作者而言，其制作技能不可或缺。精通圆柱体的制作技巧，能够为后续更复杂的曲面制作奠定坚实的基础。

为了掌握圆柱体的制作技巧，本项目将进行曲面体训练——圆柱体制作。

根据实际设计要求和制作标准，本项目将从材料选择、工具运用到制作流程，详尽阐述每一步。

微课 2-1
项目 2 导航

通过实际操练，学生将掌握制作光滑、精确的圆柱体的技巧。

让我们一起揭开圆柱体制作的神秘面纱，开启一段精彩的学习之旅！

材料、设备和工具

项目材料、设备和工具清单见表2-1。

表2-1　材料、设备和工具清单

材料	设备	工具
2条油泥（图2-1） 1块ABS板，约2mm厚（图2-2）	1台油泥烘箱（图2-3） 1台吸尘器	油泥刮刀、刮板工具组1套（图2-4） 钢制修整刀（可多组共享） 钢直尺、直角尺、水平画线仪、游标卡尺各1个（可多组共享） 割圆器、美工刀各1个 基本文具及绘制纸张若干 铲刀、羊毛刷各1个

图2-1　油泥

图2-2　ABS板

图2-3　油泥烘箱

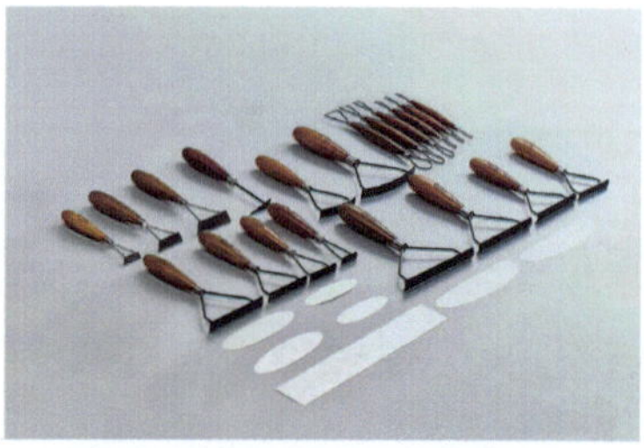
图2-4　油泥刮刀、刮板工具组

项目描述

在8课时内，学生使用平面刮刀制作直径90mm、高140mm的圆柱体，并通过矩形刮板展示三阶曲面（圆柱体立面）的制作步骤，同时掌握空间定位技能，如投影线的正确应用、平面制作技巧及实体测量中检具的使用要点，如图2-5和图2-6所示。

图2-5　刮刀的使用

图2-6　投影线的应用

项目实施

圆柱体制作项目实施流程如图2-7所示。

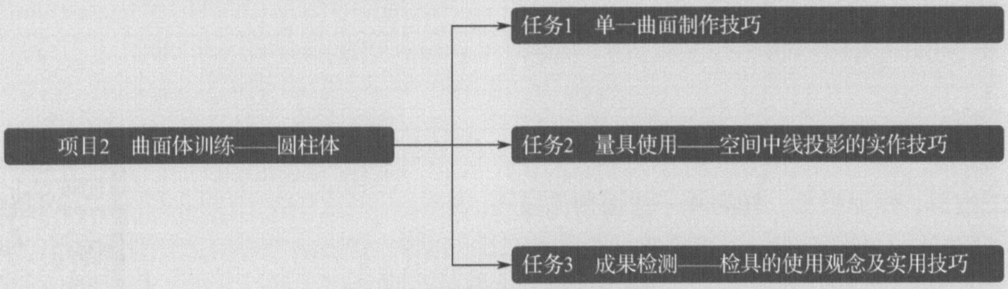

图 2-7　圆柱体制作项目实施流程

任务 1
单一曲面制作技巧

扫描二维码，跟随视频，学习单一曲面制作技巧。

微课 2-2　单一曲面制作技巧

步骤 01　堆叠油泥

如图2-8所示，堆叠油泥的直径、高都要大于圆柱体的目标尺寸，虽然堆的方法不限，但要遵守尽可能没有气泡及间隙的原则。

如图2-9所示，油泥堆叠时若存在气泡或间隙，将给后续的平面修整带来不小的困扰；若融合不够牢固，刮削时极可能整片脱落；间隙的存在会使表面形成局部凹陷或突起。

图2-8　堆叠圆柱油泥

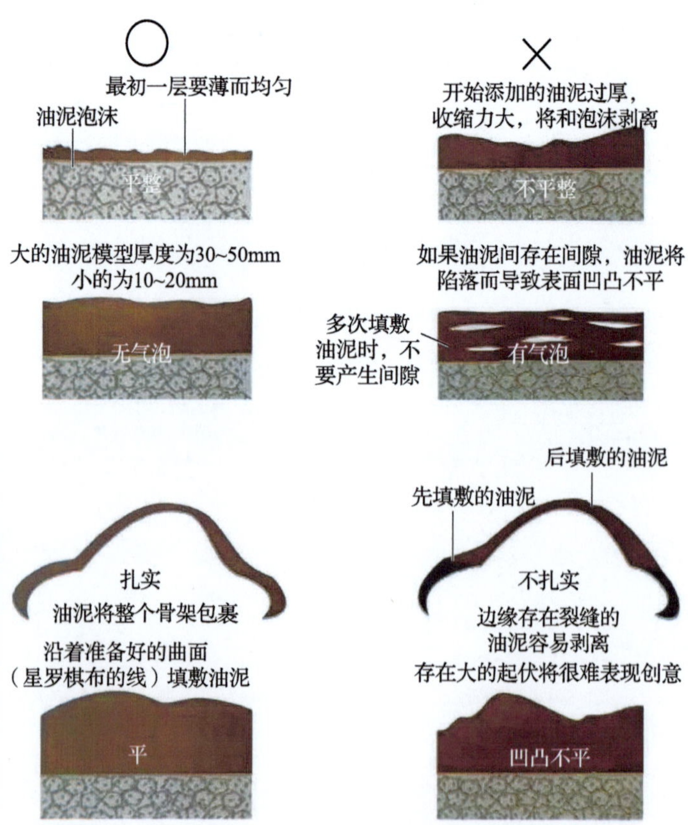

图2-9　案例参考

步骤 02 切削基准平面（顶面）

如图2–10所示，制定第一个基准平面（顶面），运用直角刮刀把面刮削平整，尺寸要大于目标尺寸（直径大于90mm），便于后期的切削。

如图2–11所示，第一个基准平面刮削平整后，圆柱体的立面看起来还是非常粗糙的。这会干扰到我们判断底面是否平整，所以在这个时候要大致地将圆柱体的立面刮削一下。

注意：运刀时，刀要交叉进行，这样每个面的切削会均匀。若持续沿同一方向切削，易产生波浪纹。由于尺寸将在后期调整，切削时无需过分关注其平整性。

图 2–10　刮削圆柱基准平面（顶面）

图 2–11　刮削圆柱立面

步骤 03 画边界，切棱线

在圆柱的顶面，用圆规画直径90mm的边界线，用刮刀切削棱线。

我们可以制作形板，形板作为参照物可以帮助初学者快速地找到圆柱的底线，降低犯错的概率。

制作形板的步骤，如图2-12所示。

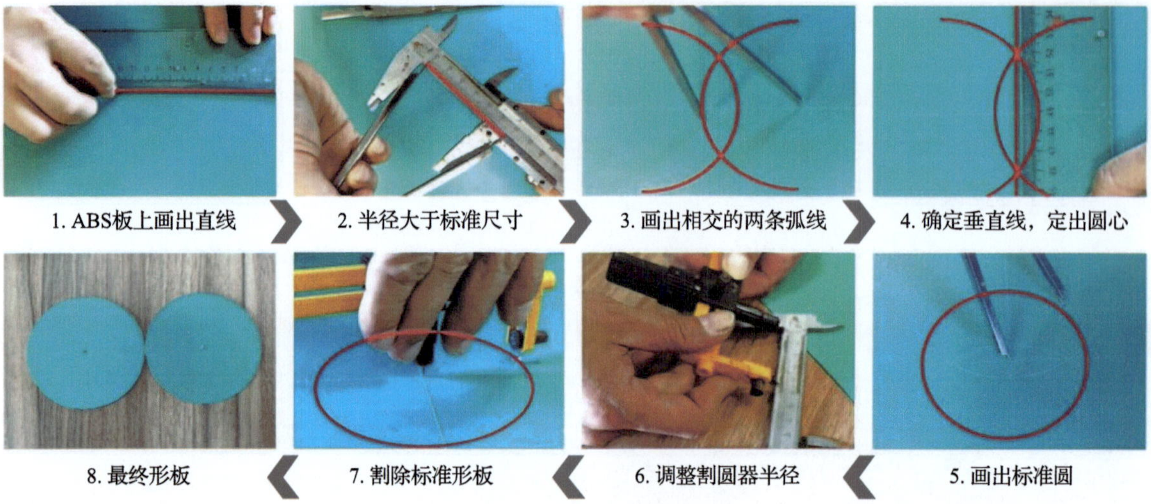

图2-12 形板制作

形板上面有垂直的十字线，并且有一个圆心，将其固定在圆柱体的基准面上，切削圆柱。最终效果如图2-13所示。

切削立面时，应适当调整圆柱的立面尺寸，且一定要遵循交叉运刀的方法。这一步的关键是要把平面的尺寸调整到位，至于立面的尺寸是凹还是凸，并不重要。顶面的尺寸调整好后，立面的尺寸也要进行相应的调整。

图2-13 最终效果

任务 2
量具使用——空间中线投影的实作技巧

扫描二维码，跟随视频，学习量具使用——空间中线投影的实作技巧。

微课 2-3 量具使用——空间中线投影的实作技巧 2

步骤 01 划截面线，确定高度

如图2-14所示，翻转油泥模型，以基准面（顶面）为底，运用高度尺划高140mm的截面线。

在使用高度尺时，要清理下面的油泥和杂质，在划截面线的时候，要注意如果有形板，应先把形板取下。

图 2-14 划圆柱的截面线

步骤 02 切削顶面

如图2-15所示，按照截面线，将顶面切削平整。当逼近这条截面线时，需将直角刮刀换一个面。用带刀刃的面把平面轻削得更加平整，轻削的过程中一定要注意不能超过截面线。因为超过截面线时，就意味高度不标准。

图 2-15 切削圆柱顶面

如图2–16所示，检测是否漏光。

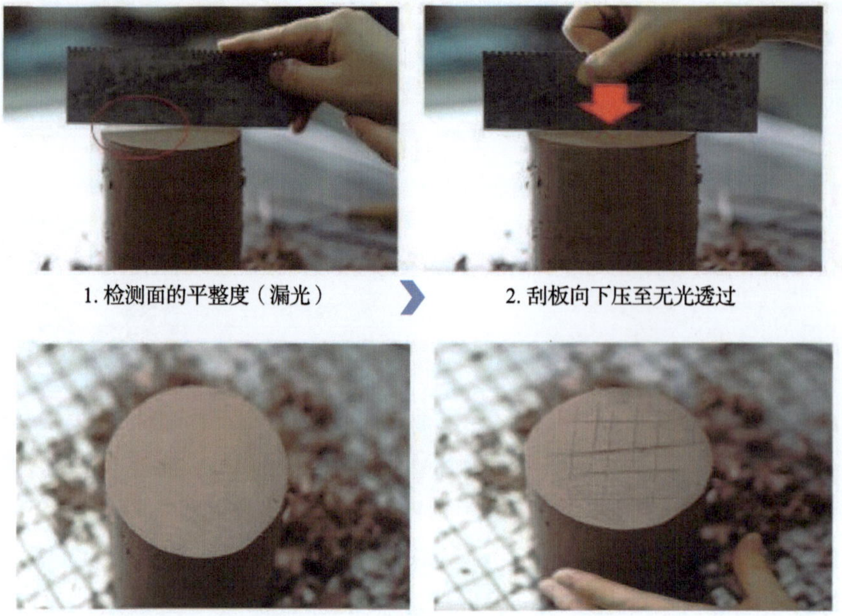

1. 检测面的平整度（漏光）

2. 刮板向下压至无光透过

3. 留下记号

4. 切削至记号消失

图2–16　检测是否漏光的过程

步骤03　画圆心，定圆周

如图2–17所示，以十字坐标线为参照投影到顶面。

如图2–18所示，标记号，将四个点连接起来，找到圆心。

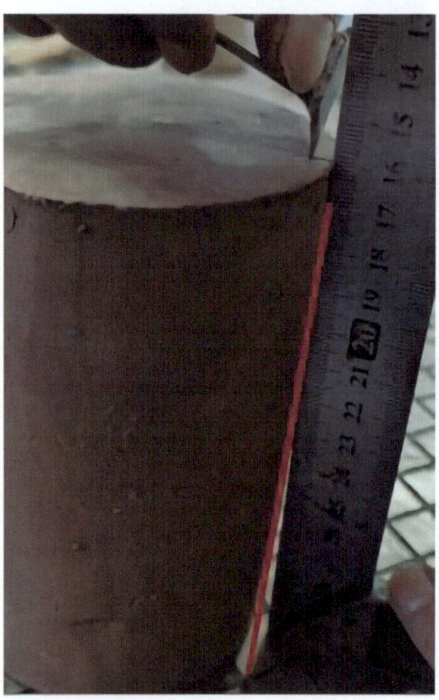

图2–17　投影十字坐标线

图2–18　确定圆心

如图2-19所示，用分规量取一条半径为45mm的尺寸。

如图2-20所示，利用圆心，画圆周。

在画圆周的过程当中，若有些没画到，可用油泥把这个部分补起来。补完之后，用分规把圆周的尺寸补上。由于油泥性质较软，所以圆心会越来越大，此时要用油泥将圆心补上，再用尺子把这个圆心找到。

如图2-21所示，切削平面，作同心圆。

每次用尺子的时候，需要比对尺子是否跑偏，之后再检测圆弧的尺寸是否达到目标尺寸：若有多余的地方，需要用工具将多余的部分切削至参照线。

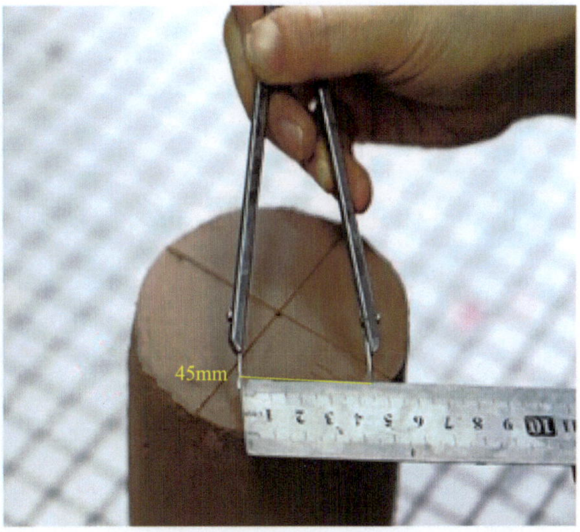

图2-19　取45mm的尺寸

图2-20　画圆周

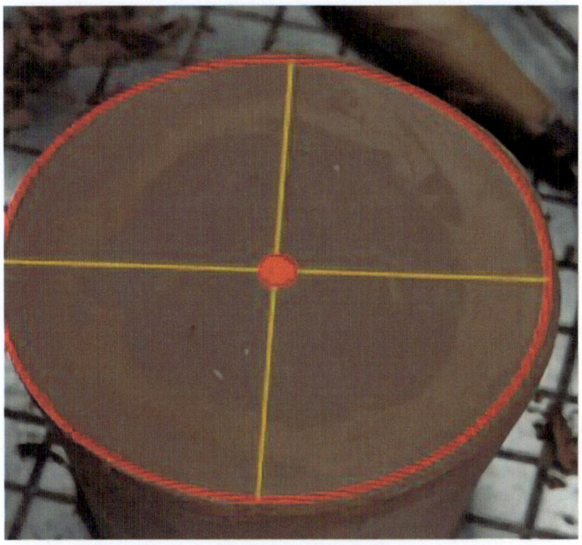

图2-21　作同心圆

步骤 04 沿着上下两个圆周线，切削圆柱的立面

如图2-22所示，用直角尺来检测是否有光透过。若有，则需要做一个简单的记号把它压至无光透过。再把多余的油泥用直角刮刀进行快速切削。

如图2-23所示，依照前面的方法不断地刮削，最终得到一个标准的圆柱。

在切削时，注意上面的尺寸要以顶面的圆作为参照线，下面的尺寸要以底面的圆作为参照线。

图2-22　检测圆柱立面是否漏光

图2-23　标准圆柱参考

任务 3
成果检测——检具的使用观念及实用技巧

扫描二维码，跟随视频，学习检测成果，掌握成果检测——检具的使用观念及实用技巧。

微课 2-4　成果检测——检具的使用观念及实用技巧 2

步骤 01　检测圆柱的高度尺寸

检测圆柱的高度，如图 2-24 所示。检测圆柱立面、顶面与底面的过程如下。

1）以直角尺检测圆柱立面的垂直度，每45°检测一点，总计16个检测点。

2）每个面的油泥与钢直尺之间的细缝超过0.5mm及有两处以上漏光均为不合格。

3）每个面上肉眼可见的凹陷、坑洞瑕疵、刀痕等超过3处为不合格。

4）单个面无瑕疵加1分。

图 2-24　检测圆柱的高度

步骤 02 检测圆柱截面平整度

如图2-25所示，以水平划线仪依序检测高度，每45° 检测一区，总计16个检测点。

最高140.5mm，有划到就不合格；最低139.5mm，没划到就不合格。

图 2-25　水平划线仪检测

步骤 03 检测圆柱直径尺寸

如图2-26所示，标示圆心的圆柱，以直尺检测。如果未标示圆心，则用外卡测量。每45° 检测一点，总计16个检测点。

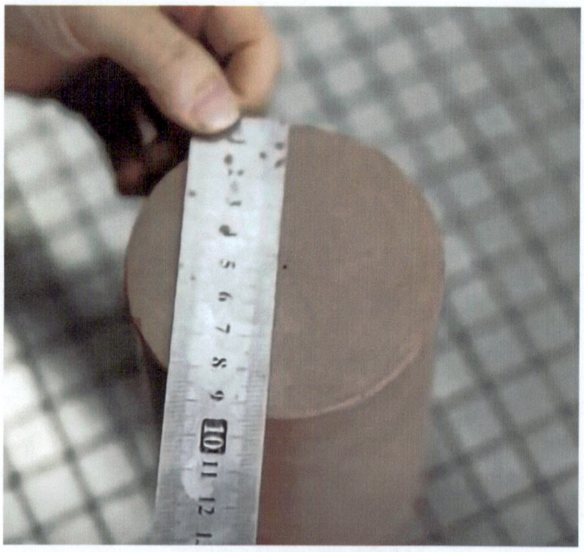

图 2-26　检测圆柱直径

步骤 04 检测圆柱截面正圆度

如图2-27所示，在ABS板上标示最大及最小的区间，以此为检具，有超出或不足的部分，或肉眼可见的不流畅的部分，即为不合格。

图 2-27　正圆度检测

常见错误纠正

序号	名称	二维码
纠错2-1	圆周过小	
纠错2-2	圆周过大	

中段

项目 3 鼠标外观设计及油泥模型制作

03

知识目标

- 理解鼠标设计的基本原理。
- 理解产品空间几何形态交错表达的基本原理。

技能目标

- 能够根据市场需求和设计要求，独立完成鼠标的设计工作。
- 能够准确测量实物并绘制精确的设计图纸，为后续的设计和制作提供依据。
- 能用 ABS 板制作合格的鼠标底板。
- 能够灵活运用各种工具和技巧完成鼠标模型的制作。

素质目标

- 培养团队协作能力：有效沟通，共同协作，推动项目进展。
- 培养持续学习能力：关注行业动态，提升专业素养。

项目引入

在现代科技与设计交融的时代，鼠标作为计算机的重要配件，其设计的重要性不容忽视。一个优秀的鼠标设计，不仅要满足用户的基本需求，更要提供舒适的使用体验和良好的视觉感受。但很多人可能并不知道，鼠标设计的背后隐藏着一系列复杂的过程和严格的要求。

本项目将带领大家深入鼠标设计的世界，共同探讨这一看似简单却富含科技与艺术的设计领域。本项目将按照实际的设计工作流程展开，从最初的草图设计到最后的油泥模型制作，每一步都至关重要。通过这次学习，我们不仅掌握油泥模型制作的基础技能，更能深入理解鼠标设计的要求。

材料、设备和工具

项目材料、设备和工具清单见表3-1。

表3-1　材料、设备和工具清单

材料	设备	工具
2条油泥（图3-1） 1块ABS板，约2mm厚（图3-2） 不同造型的鼠标若干	1台油泥烘箱（图3-3） 1台吸尘器	油泥刮刀、刮板工具组1套（图3-4） 钢制修整刀（可多组共享） 钢直尺、直角尺、水平划线仪、游标卡尺各1个（可多组共享） 割圆器、美工刀各1个 基本文具及绘制纸张若干 铲刀、羊毛刷各1个（图3-5）

图3-1　油泥

图3-2　ABS板

图3-3　油泥烘箱

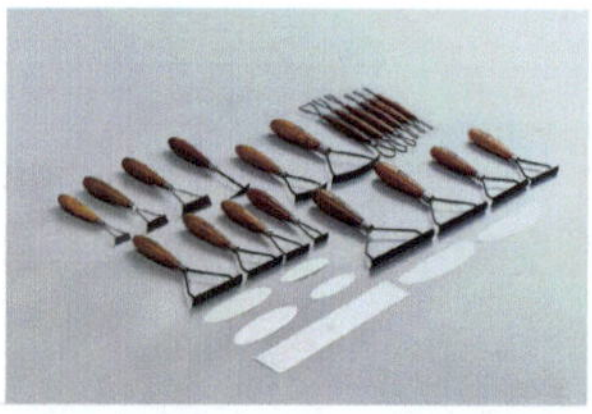

图3-4　油泥刮刀、刮板工具组

图3-5　铲刀、羊毛刷

任务 1
鼠标产品模型大型呈现

任务描述

微课 3-1　项目 3 任务 1 导航

观察力是设计相关从业人员应具备的最基本的需求。测量图3-6中鼠标造型尺寸，绘制图面数据。接着，如图3-7所示，完成鼠标油泥模型，由所有的光影迹证来判读形态转折的变化，同时需确保人机操作的合理性。

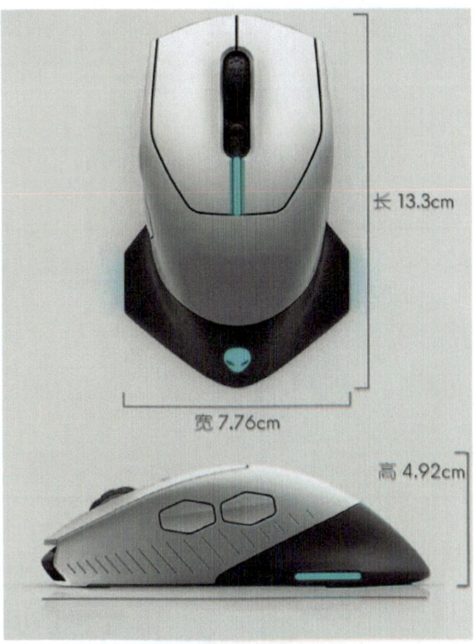

图 3-6　鼠标产品

图 3-7　鼠标油泥模型

任务实施

鼠标产品模型大型呈现的任务实施流程如图3-8所示。

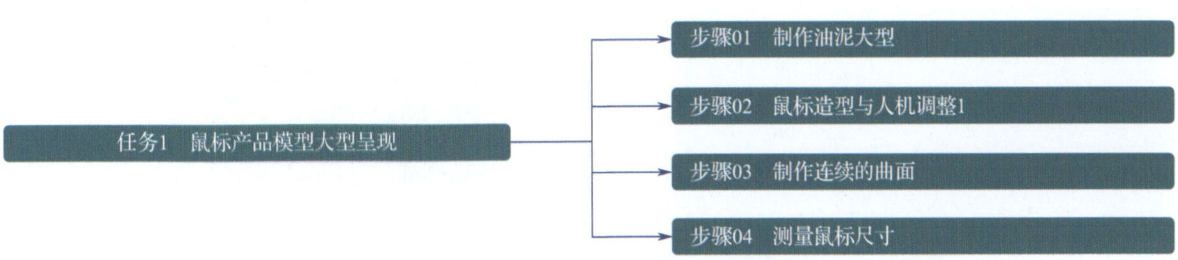

图 3-8　鼠标产品模型大型呈现的任务实施流程

步骤 01 制作油泥大型

扫描二维码，跟随视频，学习底板到油泥大型的制作。

微课 3-2 底板到油泥大型的制作

1. 制作鼠标模型的底板

如图3-9所示，油泥在不同的温度下有不稳定性，为了鼠标后续造型稳定，需要在油泥模型底部制作一块ABS或亚克力材质的模型底板。

图 3-9 模型底板

如图3-10所示，鼠标底板的大小要超过鼠标接地面积的50%。

图 3-10 底板与鼠标的大小比例

2. 初敷油泥

如图3-11所示，底板表面光滑时，油泥附着不佳，所以利用双面胶来提升其表面摩擦力。底板表面要均匀贴上双面胶，务必防止双面胶重叠，应确保厚度均匀，避免误差。

如图3-12所示，撕掉双面胶底纸后在双面胶上初敷油泥，将油泥填涂覆盖在双面胶上。

如图3-13所示，在铺满双面胶的底板上堆叠油泥，堆叠的第一层油泥要紧密地与底板相结合，不然后期会有松动的风险。油泥与油泥之间尽量要没有气泡，若产生气泡，后期油泥与底板间容易形成剥离的状态，所以建议第一层用涂抹的方式上油泥，使其跟底板完全相接。这一步叫模型打底，把不同材质融合在一起，如PU上面附着油泥、钢架上附着油泥、木板上附着油泥，不管是何种材质附着油泥，功能都是一样的，但是制作技巧稍有不同。

图3-11　使用双面胶增加表面摩擦力

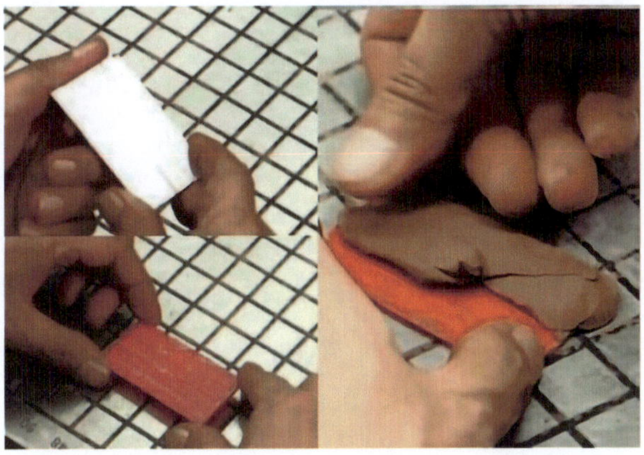

图3-12　敷涂油泥

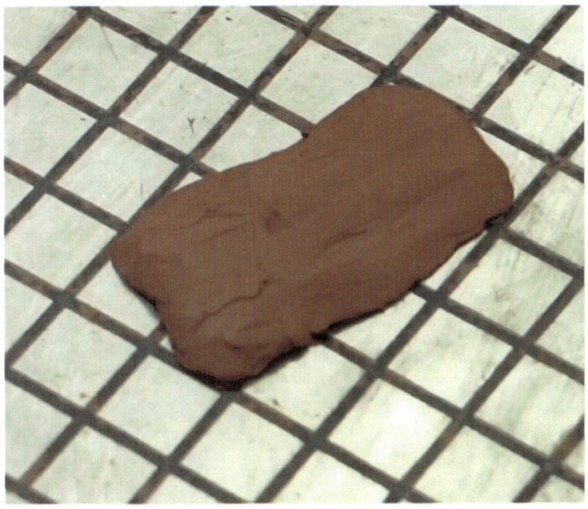

图3-13　堆叠油泥

3. 框定截面尺寸

如图3-14和图3-15所示，为避免盲目地堆叠油泥导致无效的工作，油泥初敷完成后，应即刻制定上视截面的尺寸，以不超过极限尺寸为原则，框定油泥模型的截面尺寸。堆叠时需注意每层油泥的融接度，以确保模型整体的强度。

图3-14 制定上视截面的尺寸

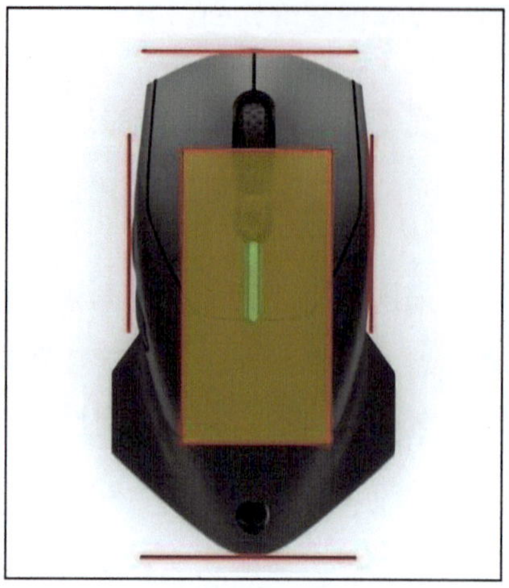

图3-15 鼠标上视截面

4. 框定体量感

如图3-16所示，在确立尺寸精确的截面之后，需着手构建产品的形态特征。首先运用简约的元素勾勒基础形态结构。初步的油泥模型是产品设计的初步形态，能迅速而粗略地呈现产品的轮廓与体量感，只要其符合长度、宽度和高度的限制尺寸，并体现最大的形态趋势特点即可。

后续的模型制作技巧都是在初步的油泥模型上做添加，这个技能也是形态构成的重要练习，再复杂的产品外观都应按照最基础形态来制作。鼠标初步成果参考如图3-17所示。

图3-16 继续堆叠油泥

图3-17 鼠标初步成果参考

步骤 02 鼠标造型与人机调整 1

扫描二维码，跟随视频，学习鼠标造型与人机调整 1 的制作。

微课 3-3 鼠标造型与人机调整 1

1. 形态构成解析

如图3-18和图3-19所示，同一条特性线在上视图中由两条曲线构成，但在立体图及侧视图上我们明确地判定，其做法是在侧视图上制定曲线的走势后，投影到上视图为棱形的面上，这样自然能兼具圆润和棱角两种特征了。鼠标的右面圆润，前面正方则有棱角。这在形态的走势强化上是常用的设计技巧。

图 3-18 曲线走势（立体图）

图 3-19 曲线走势（侧视图）

如图3-20所示，我们要把产品的形态特征在之前所做的大型基础上依序呈现，形态结构要符合各个视图的描述。由侧视图的线条关系可知，整个鼠标主体是由前半部的楔形与后半部的锥形镶嵌而成的复合形态，所以在制作的顺序上要依循它的结构来推进，这是设计意图由平面转立体时的基本技能。

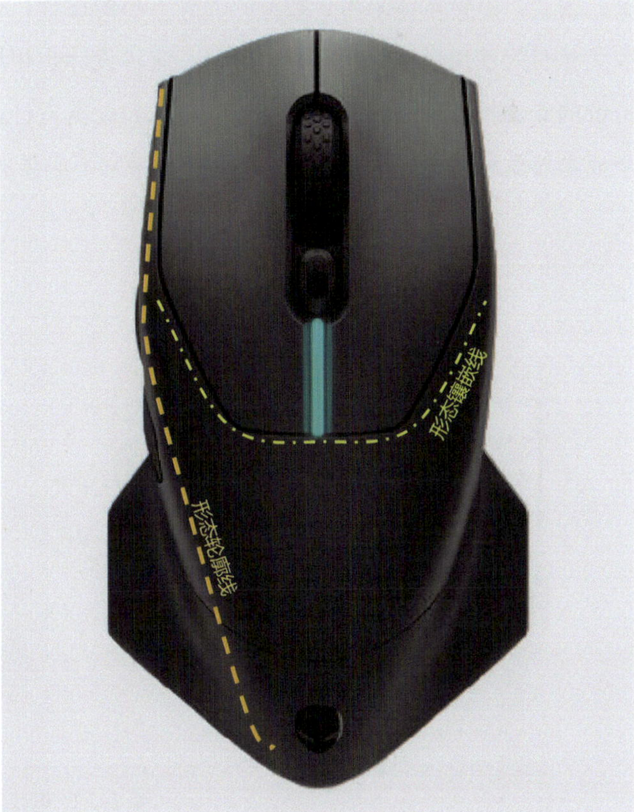

图 3-20 线条走势

2. 形态呈现

清楚了鼠标的形态构成后，我们依据其特征把形态塑造出来，鼠标雏形如图3-21所示。

因为鼠标比较小巧的关系，我们徒手刻画中心线及断面线，如图3-22所示。接着依序把前半部的楔形及后半部的锥形修整出来。

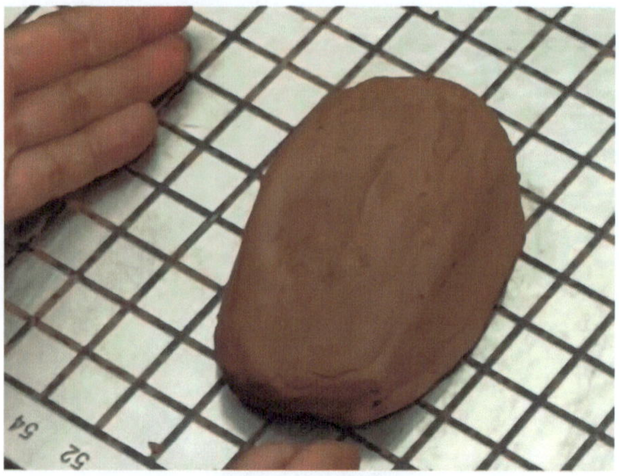

图3-21 鼠标雏形

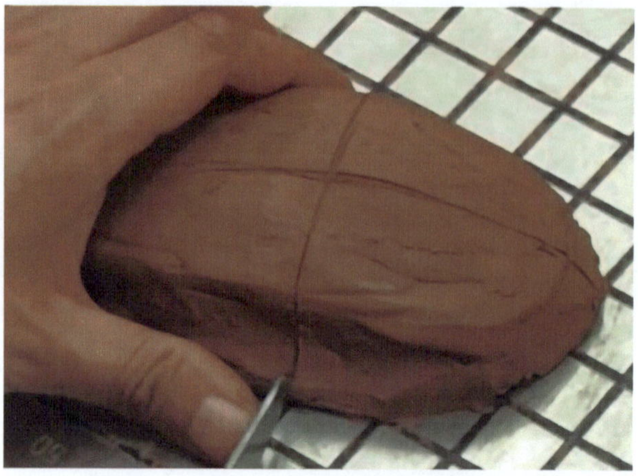

图3-22 刻画中心线

3. 形态特征解析

如图3-23所示，以电竞功能鼠标为例，为了优化操控体验，特别加强了手掌与鼠标本体的贴合度。因此，鼠标本体采用了独特的上大下小的设计，显著提升了手指对鼠标的操控精确度，并有效减少了长时间使用后的手部疲劳。然而，这种设计也相应地大幅提高了模具制造和生产的成本。除了高价位的专业性能产品，消费级市场较少见到此类设计。造型设计需要正视的难题是，如果无法平衡生产成本与盈利的设计，往往会给产品开发带来不必要的风险。

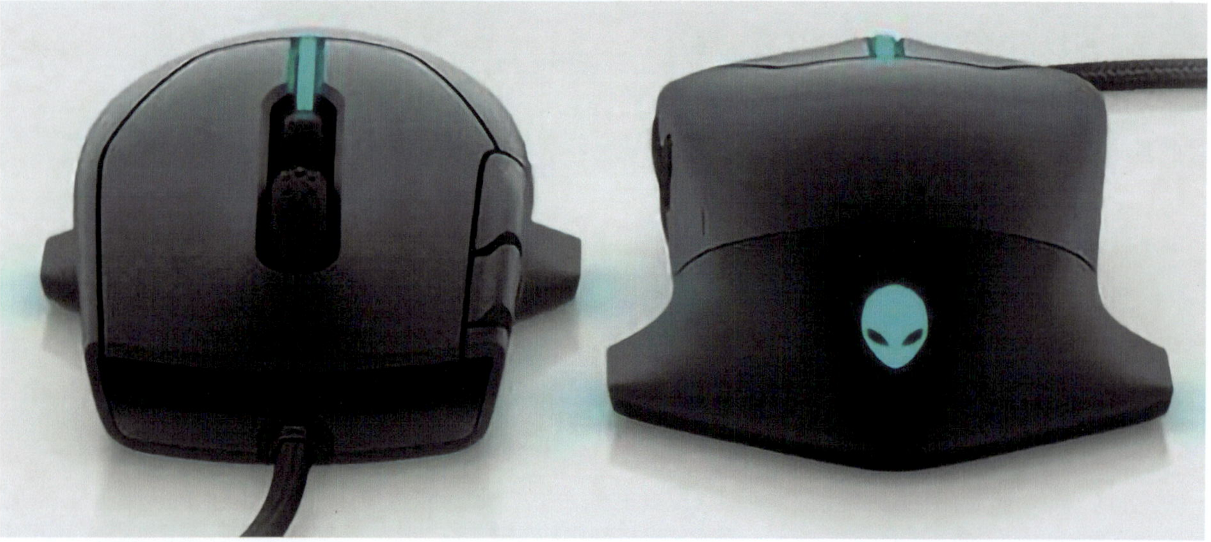

图3-23 电竞功能鼠标

如图3-24所示，用“减法”施工，为追求效率直接用划线刀切削立面的倾角。

如图3-25所示，忽视鼠标后半部掌托的结构，把鼠标主体形状观察清楚，在油泥模型上划出基础造型线。

形态构成要判读元素相互间的主从关系，鼠标的主体造型一定要制作标准。调整主体形态，如图3-26所示。当主体被精确确定后，其他部件的设计和修改应以该主体为基准进行参照和调整。

图3-24 切削立面倾角

图3-25 观察主体形状

图3-26 调整主体形态

步骤 03 制作连续的曲面

微课 3-4 曲面连续技巧

扫描二维码，跟随视频，学习连续曲面的制作。

1. 运刀

如图3-27和图3-28所示，根据型面UV向量的走势，开始修形。先以刮刀修整大致的形面走势，再以刮板来做细微的调整，如果单纯地依照形面UV向量的走势来落刀，因为物理抗力的作用，模型将产生忽高忽低的波浪形表面，所以好的办法是采取45° 夹角交叉落刀，从而避免切削阻抗的堆积，造成面的不平整。更高级的用法是用转刀的技巧来完成复杂曲面的塑造，但要在运刀熟练的前提下，转刀的效果才是可控的。循序渐进地深化造型技能建立在反复的实操基础上。

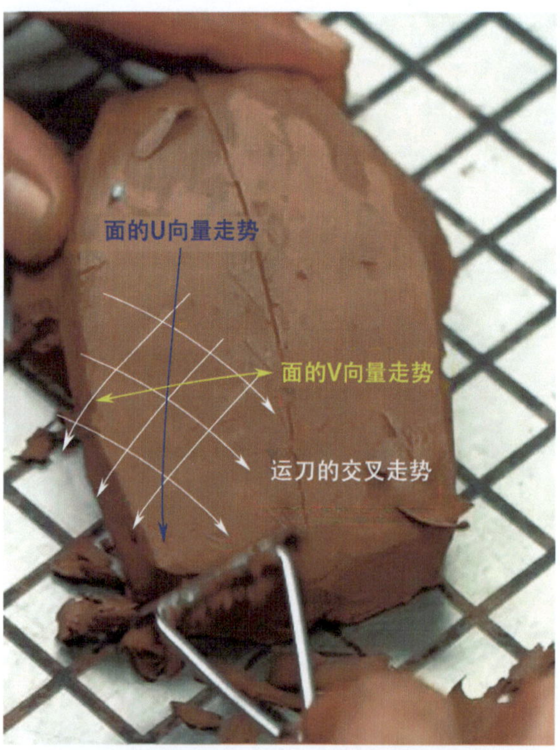

图 3-27 UV向量走势与运刀的交叉走势（正视图）

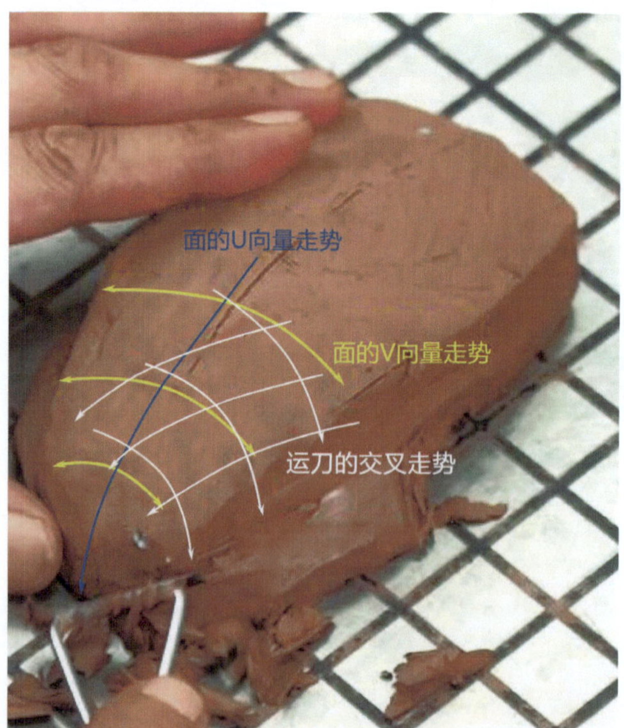

图 3-28 UV向量走势与运刀的交叉走势（侧视图）

2. 塑形

如图3-29所示，用刮刀削除鼠标造型突出部分，填补不足的凹陷区间，没有填补到位的地方无法反映正确的形态，所以先用划线刀标示需要填补的区间，再敷上足够的油泥修整形面。如果差距过大，可以分数次来填补，避免填补超量而导致削除时对周围正确的形面产生过切（over-cut）的情况。

如图3-30所示，形面走势完整呈现后，再用刮板进行更细致的调整。

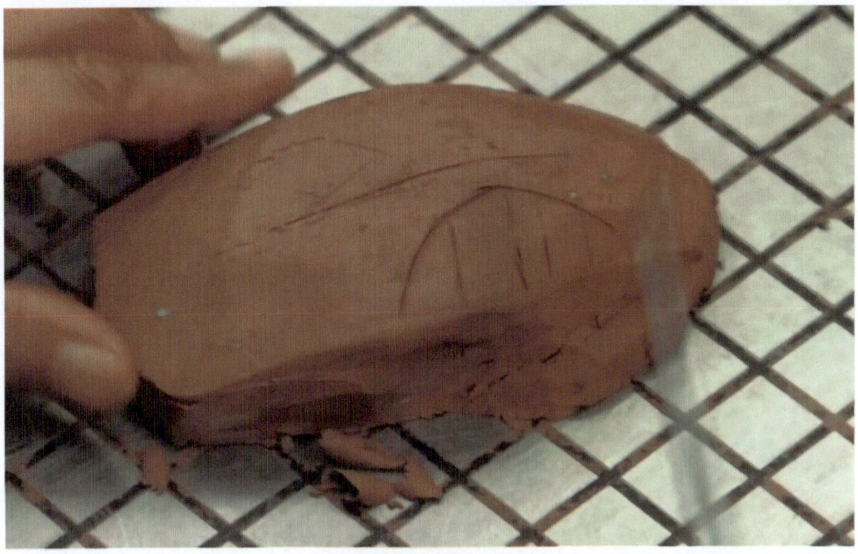

图3-29　划线刀标示

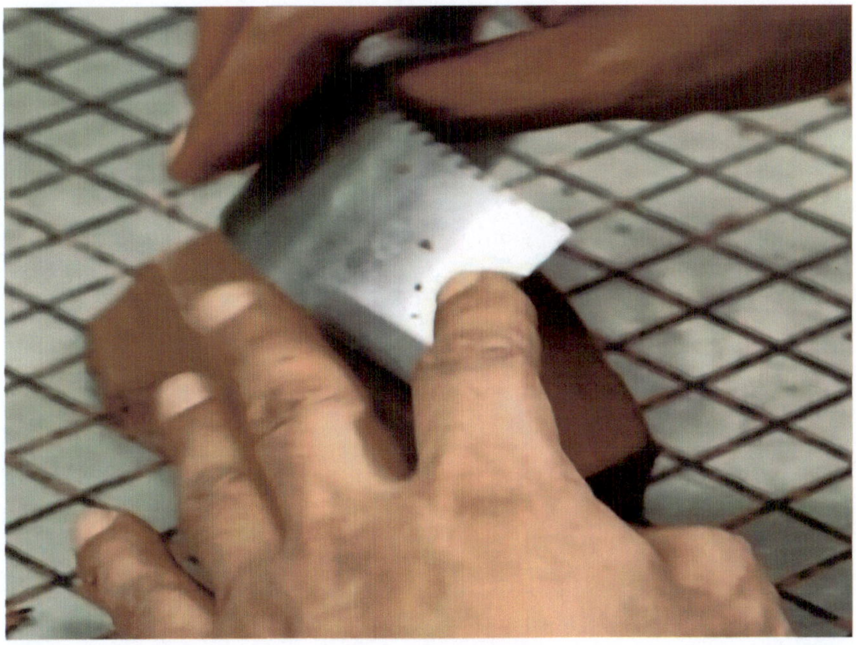

图3-30　刮板调整模型

3. 刮板的基本技巧

如图3-31所示，刮板调整后的形面会呈现产品的体量感，形面的过渡应顺畅连续。

如图3-32所示，在调整后的顶面上补划中心线，这时线条会因空间位置正确而顺畅很多。这时中心线才真正起到空间标示的作用。这个原则一定要掌握，线条只有划在整理过的面上才有参考价值。

图3-31 刮板调整后的形面

图3-32 补划中心线

如图3-33、图3-34所示，在顶面上划出与立面相交的棱线。产品表面是有曲面和圆角的，在做模型时要表现产品最原始的几何体状态，所以要复原顶面与立面的原生关系（几何体形状），修整正确后才能在其上施以圆角，不然形面就没有合理的基准。

图3-33 划出与立面相交的棱线（左视图）

图3-34 划出与立面相交的棱线（右视图）

有了棱线基准后我们再把两侧立面修整成掌托的构形，在这一步先完全忽视。

步骤 04 测量鼠标尺寸

扫描二维码，跟随视频，学习鼠标尺寸的测量方法。

微课 3-5 测量鼠标尺寸

1. 调整正面造型细节

如图3-35所示，在顶面与立面完成后，开始制作鼠标的正面造型，相较其他面块，该面的造型变化最复杂，所以应先完成正面的细节尺寸绘制。

图 3-35 正面造型细节调整

如图3-36所示，用刮刀整理中间部位的造型，形面虽有凹凸变化，但我们先把所有复杂的面都看成平面来塑造。

2. 投影可视造型线与结构线

如图3-37所示，尺寸的精准度非常重要，所以体量修正完成后，要把鼠标前半部的可视造型线（parking-line）依照尺寸投影到模型上。

图 3-36 刮刀整理

图 3-37 可视造型线投影

如图3-38所示，因为零件之间的相互关系是连贯的，所以先把整个按键区完整地投影出来。绘制的结构线可以分段绘制修正，要达到每个视角的造型都符合产品特征的要求。

图3-38　投影按键区线形

Tips

抓取比例的基本技巧

如图3-39所示，在立体模型上抓比例会比在平面上难很多。原因是空间会产生尺寸误差，所以一定要善用三角定位的技巧。

如图3-40所示，只有依据三角测量把X、Y、Z三个轴向的偏差逐步修正后，才有可能在空间投影正确的比例。随着产品复杂度的提升，测量的难度也会不断地提高，精准的空间定位是设计师与模型师离不开的硬实力。

图3-39　三角定位

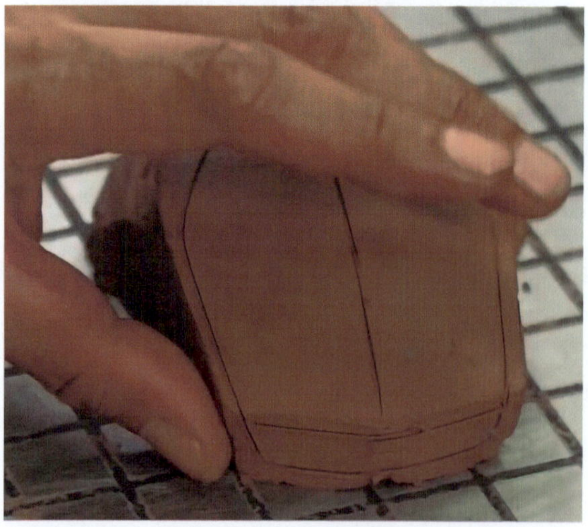

图3-40　空间投影定位

对于鼠标前半部的尺寸比例，我们可以适当地运用分件线（部件）来作为调整的基准。鼠标后半部的空间结构线被造型手法掩盖住了，所以我们要还原未处理过细节的掌托原形状，只有回归两个构形的原生关系，我们才能正确地还原生成顺序。掌托细节处理如图3–41所示。处理成果如图3–42所示。

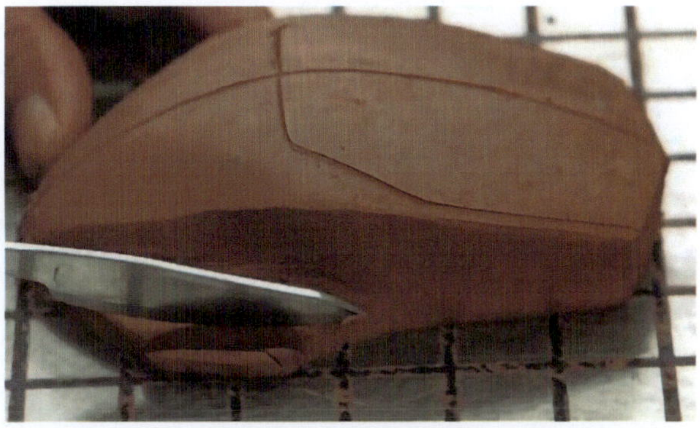

图 3–41　掌托细节处理

图 3–42　处理成果

如果把尺寸比喻为产品的骨架，构形走势就相当于肌肉，一般我们读取到的外观表面只是产品最外层的尺寸大小。但在塑形阶段，形态的相交线要明确地抓取，不能被圆角的造型手法所迷惑。形态相交线的抓取如图3–43所示。

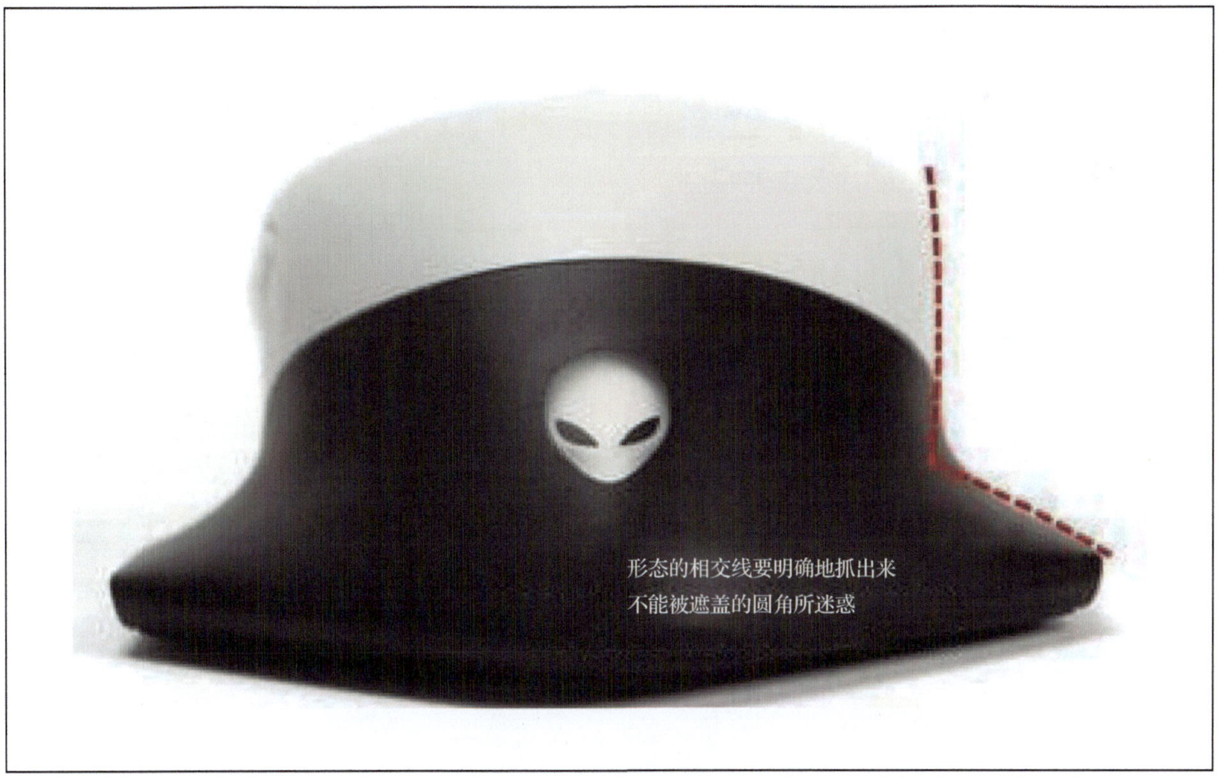

图 3–43　形态相交线的抓取

任务 2
鼠标产品模型细节定案

任务描述

观察力是设计相关从业人员应具备的最基本的能力，所以根据实物图片来制作实体模型，要求学员掌握形态的相关知识。鼠标产品油泥模型大型呈现如图3-44所示。鼠标产品模型细节定案如图3-45所示。

微课 3-6 项目 3
任务 2 导航

图 3-44 鼠标产品油泥模型大型呈现

图 3-45 鼠标产品模型细节定案

任务实施

鼠标产品模型细节定案的任务实施流程如图3-46所示。

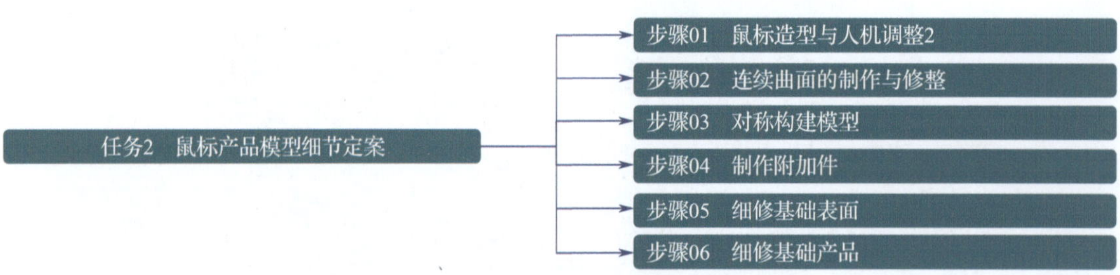

图 3-46 鼠标产品模型细节定案的任务实施流程

步骤01 鼠标造型与人机调整2

扫描二维码，跟随视频，学习鼠标造型与人机调整2的制作。

微课3-7 鼠标造型与人机调整2

1. 手掌与鼠标的服帖

先做顶面再做立面的形态过渡，因为顶面是曲面加锥形的综合体，过渡自然也要分开执行，前半部是手指的操作区，用浅浅的指槽来区分，拇指、食指、无名指的操作区用圆角过渡。后半部则是与手掌心的握持形状相服贴，如图3-47所示，由于每个断面的曲度不同而形成了渐变的圆角，我们就运用圆角的生成技巧依序用刮刀及刮板呈现出来。

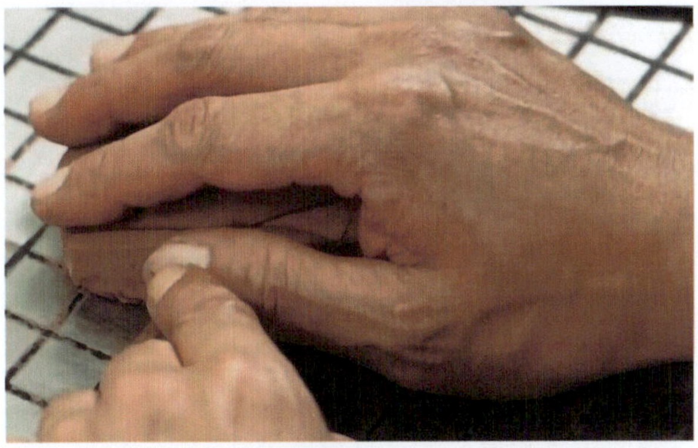
图3-47 手掌与鼠标的服帖展示

2. 修整连续曲面

掌托的截面为两头薄中间厚的飞翼形态，类似鳍状物，通过曲度延续性设计实现掌托与主体形态的无缝融合，从侧视也可明确地看到鳍状物的形态基线是完全平行桌面的，所以我们依据特征把这个连续曲面小心地修整出来，如图3-48、图3-49所示。曲面相互融合的技巧着重根据每个角度顺化曲度，在曲面构成的产品上是不可或缺的基本设计能力，一定要完整地掌握与熟练地应用。

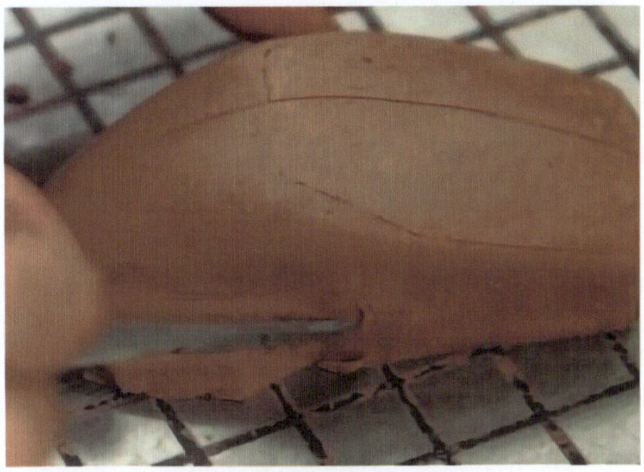
图3-48 修整侧面的连续曲面

图3-49 修整末端的连续曲面

步骤 02 连续曲面的制作与修整

扫描二维码，跟随视频，学习连续曲面的制作与修整。

微课 3-8 工具进阶使用——连续曲面的制作与修整

1. 连续曲面的制作

如图3-50所示，先聚焦在鳍状上半部的特性描述，依据断面的分布把形状修整出来，轮廓上没有贴合的地方再用填补的方法制作出来。

在上一个步骤不去修整的原因是本体与鳍状部分的相互关系没有到位，即使修整，也不是正确的关系，因为要兼顾所有构形的合理性，所以修整时要多角度检测，以免遗漏。

图 3-50 鳍状部分的曲面修整

2. 曲度顺化的修整

如图3-51所示，尾部构形是鼠标本体与鳍状部分融合及收尾的关键变化，其实形态的转化与融合是一个相互顺化的过程，工具的选择与运用要谨慎与巧妙。

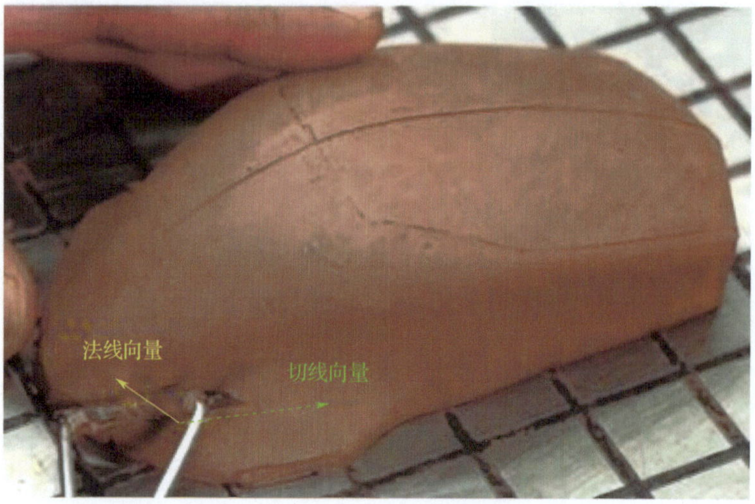

图 3-51 工具的运用

步骤 03 对称构建模型

扫描二维码，跟随视频，学习对称构建模型。

1. 对称构形

如图3–52所示，完成右后半部的造型融合后，我们要把准确的中心线描绘出来，做到左后半部同右后半部分对称，实际上是之前所有动作的镜像操作，只是空间形态镜像而已，连构形参考点都是一模一样的。

右侧如能顺利完成，那左侧不过是强化复习而已，只要操作一次就能掌握差异点。对称构形要有章法地生成，要在实际操作中体会关键所在。

图 3–52 模型后半部分中心线刻画

2. 对称细节

如图3–53所示，制作前半部的细节对称，先完成主体上的形面变化的对称，因工序重复我们就不再赘述，在本体上依序刻画按键的分模线及滚轮指示灯的形态，这时就要完全符合实际的尺寸才行。

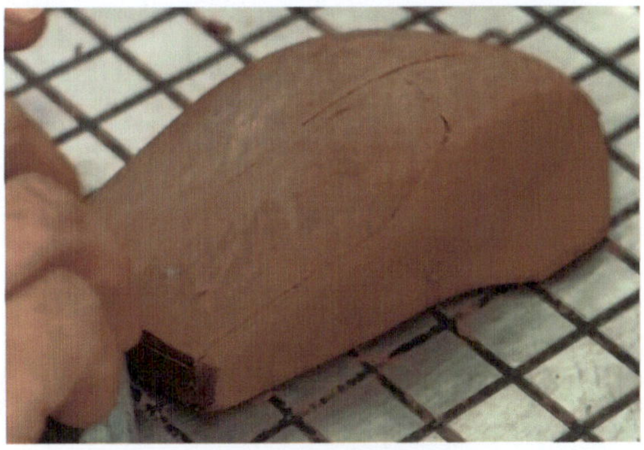

图 3–53 按键间隙描绘

电子产品的动作行程依据手指的操作回馈基本是以1mm的行程为原则，加上零件间的安全间隙大多是0.5mm，因此，我们要精准地描绘其相互关系，如果没有在实体上精准掌握尺寸，可以在平面上以标尺制定清楚后再移印到模型表面，这个技巧也是非常省力而常用的，制作时要细致。

一侧细节刻画如图3–54所示。

图 3–54 细节刻画

如图3-55和图3-56所示，再把另一侧的细节以对称的方式制作出来，转折点若无法精准判断，可以用分规来辅助达成，对称后如果有些区间的线形无法完全镜像，那就是对称没有做好的地方。

这时就要把表面做到完全正确才能得到完全正确的细节，没有偷懒的空间。这是视觉体量验证的重要工作，而且产品越大，工作会越来越多。

图3-55　细节对称1

图3-56　细节对称2

步骤04　制作附加件

扫描二维码，跟随视频，制作附加件。

微课3-10　空间投影方法——制作附加件

1. 线条修整

线条修整如图3-57所示。两侧都修整到每一个角度检测都是完全对称的状态后，我们就可以开始做附加件了。

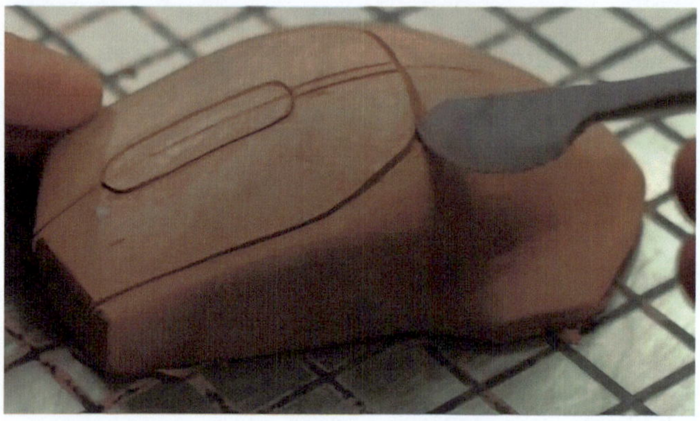

图3-57　线条修整

2. 附加件拨钮的制作

如图3-58所示，先把中间的滚轮及拨钮区间压到适合的深度。

因为已经是很细小的施工，就要选择适合的刮刀来切削，同时不可把已经完成的部分碰伤了。这之后的作业都要小心操作，如果怕精细操作掌控不到位，也可以用构思胶带或型板对工件形成保护。但这些都只是被动的防护，主要还是提高工具精细操作的能力，要反复练习操作工具直到随心掌控。

如图3-59所示，在模型外面先制作拨钮的轮廓及体量。

如图3-60所示，将拨钮移印到模型上，再把细微的变化小心地修整出来。

图3-58 刮刀切削

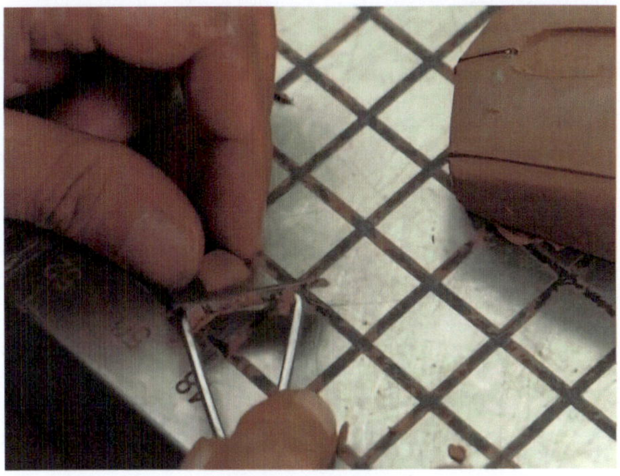

图3-59 拨钮制作

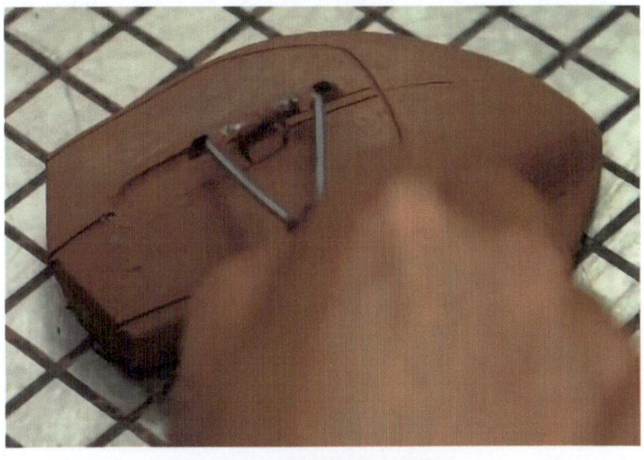

图3-60 将拨钮移印到模型上

3. 附加件滚轮的制作

如图3-61和图3-62所示，滚轮也是一样的制作方法，在外面制作好滚轮的轮廓后，再移印到模型上做整体的修整适配。因为是外观验证模型，所以只需制作可见范围即可。只要修整滚轮的外露特征，大脑会把没看到的部分自动脑补出来。这个认知机制我们要善用，不然会做很多无效的工作。

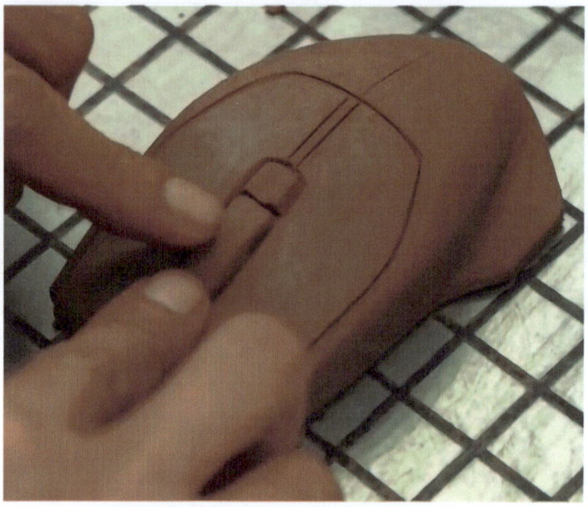

图3-61　将滚轮移印到模型上

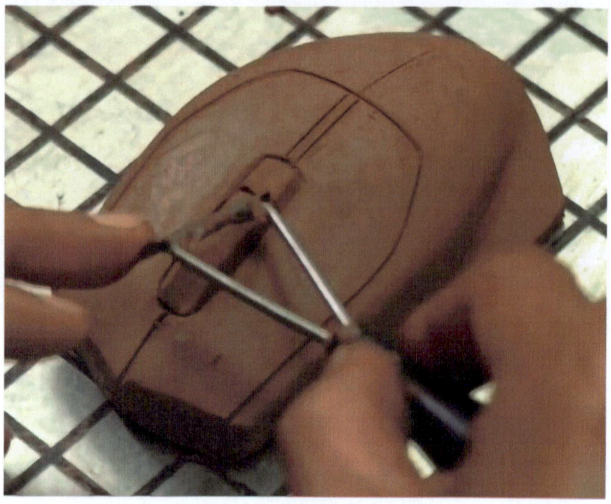

图3-62　整体的修整适配

步骤 05 细修基础表面

扫描二维码，跟随视频，细修基础表面。

微课 3-11　基础表面细修

1. 空间曲线的绘制

如图3-63所示，后半部的分件线（部件）是一条空间曲线，只靠标尺测量是很难绘制正确的线形的。所以先制定曲线的起终点位置，接着沿着曲面的法线向量划出参考用的曲线。因为整个分件线跨过了多个曲面，而且转折处还在连续曲面的区间，在物理上根本不可能用平面曲线来呈现，所以我们先以平面曲线的方式求参考用的基准，接着在上视及侧视角度逐步地调整顺畅空间曲线。这个在数据模型上是非常困难的，正向作正确的空间曲线，但在实体模型上只要方法正确，就可轻松得出。这个技能是空间认知上很大的分水岭，一定要扎实掌握。

图3-63　空间曲线的绘制

2. 空间曲线的修整

空间曲线正确绘制后，我们会发现空间曲线跟它经过的面的相互关系并不是顺畅连续的。所以接着要处理每个面跟空间曲线的相互关系，使它们顺畅连续地形成整体关系，如图3-64所示。

这个技巧在交通工具模型制作上是必不可少的，有志挑战高阶造型技巧的学员，只有孜孜不倦地练习，才能摸索出属于自己的技巧。有了空间曲线/曲面的实践能力后，再来看产品造型，就会得到截然不同的视野。

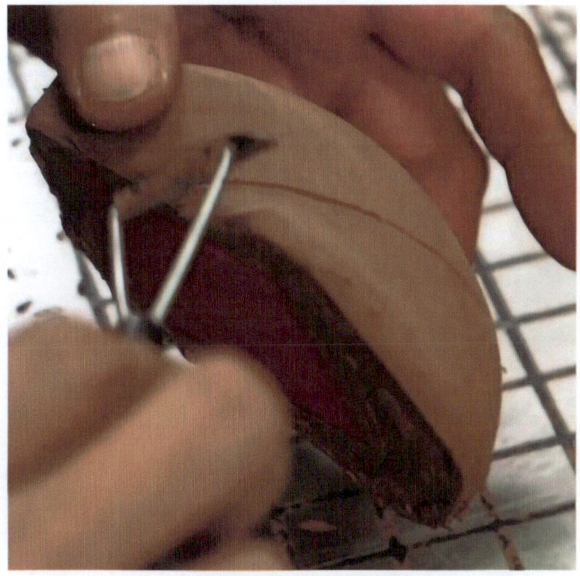

图3-64 空间曲线修整

步骤 06 细修基础产品

扫描二维码，跟随视频，细修基础产品。

微课3-12 基础产品细修

1. 产品细节呈现1

由上而下依序执行模型表面最终的细修（finish-touch）。先把断面线、中心线、分面参考线等非产品可视单元一一修补掉，接着再把模型表面的刀痕等人为修整的痕迹小心地消除干净。每个线面收尾时，为了精确度及舒适的手感，要还原0.2~0.5mm不等的圆角滚边工艺。鼠标油泥作品参考如图3-65所示。修整完成后的油泥模型与真机相比，除了颜色与贴花没有之外，其他都完全一样。这个也是我们在做造型及机能验证时必须达到的精细水平。

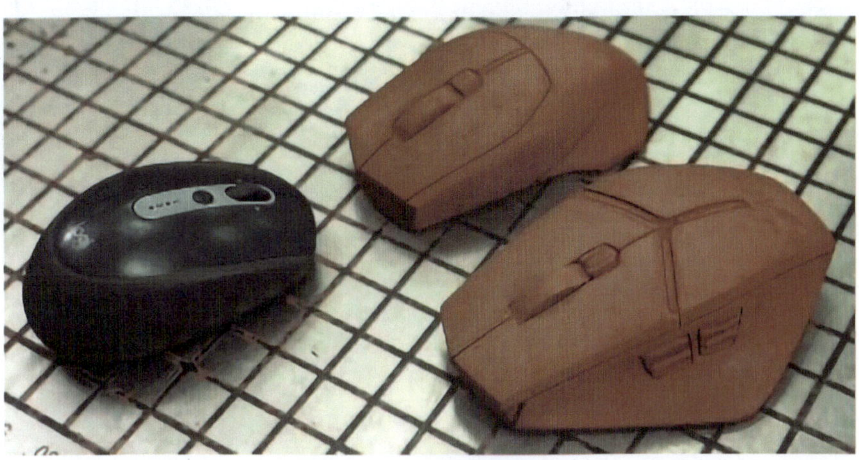

图3-65 鼠标油泥作品参考

2. 产品细节呈现2

如图3-66、图3-67、图3-68所示，把连接坞造型、侧置快捷键、防滑沟的细节呈现在模型上。与真机的各个视角对比，调整模型细节。

图3-66　连接坞造型细节呈现

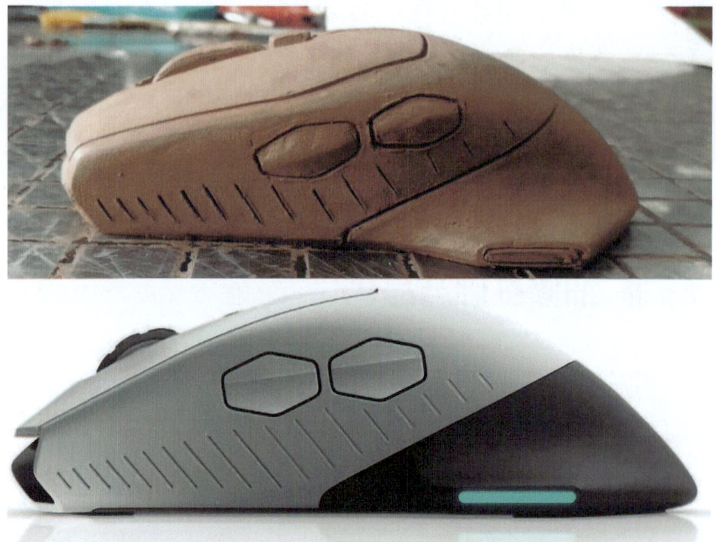

图3-67　侧置快捷键细节呈现

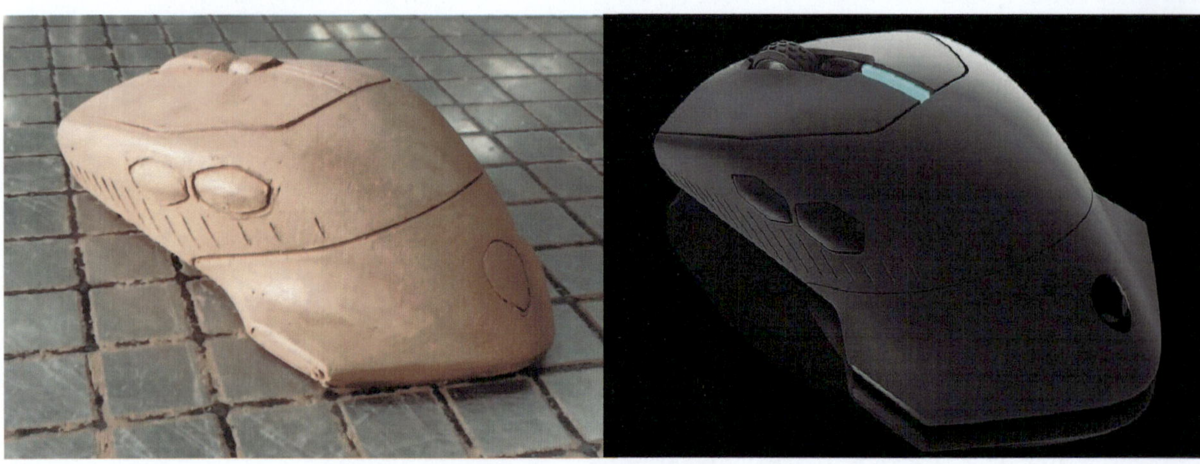

图3-68　防滑沟细节呈现

鼠标油泥模型与鼠标实物模型如图3-69、图3-70所示。

模型是为了设计验证而产生的必要工段，对应需要做验证的设计环节，如造型、机能、功能、市场等。一般来说，为了节约时间，会把要求相近的验证集合在同一个模型上呈现。

图3-69　鼠标油泥模型

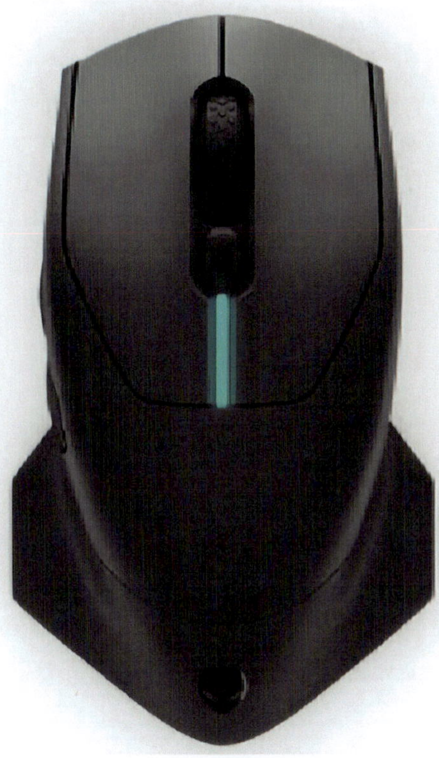

图3-70　鼠标实物模型

一线设计师访谈

序号	名称	二维码
访谈3-1	鼠标设计的关注点	
访谈3-2	从使用对象、功能谈鼠标设计要点	
访谈3-3	分析从项目3学到的技能	

中段

项目 4 头盔外观设计及油泥模型制作

04

知识目标

- 掌握头盔设计的流程和技巧，能够根据市场需求和设计要求，熟练运用头脑风暴法绘制思维导图，进行设计定位。
- 掌握绘制创意草图的快速表达法。
- 掌握曲面泡沫模型取材、切削、打磨等方法，以及泡沫模型的检测标准。

技能目标

- 能规范地进行头盔拆装，分析头盔整体构造。
- 能准确完成泡沫模型的取材，曲面模型的切削，曲面的打磨，并判断模型的 PU 内胚塑形是否到位。
- 能用油泥完成头盔造型呈现，熟练掌握油泥模型制作的粗刮、细修等环节。

素质目标

- 锻炼发散思维，勇于创新。
- 具备尊重和保护知识产权的职业素养。
- 培养精益求精的工匠精神。

项目引入

本项目以头盔油泥模型制作为基础，结合实际设计流程，全面解析头盔设计的核心要求与规范步骤。从草图设计到油泥模型的初步塑形、细节雕刻、表面打磨，每一步都力求精准展现头盔设计的精髓，同时鼓励创新与实践。通过油泥模型的直观表现，学生可以深入理解头盔设计的核心要求与规范步骤。

材料、设备和工具

项目材料、设备和工具清单见表4-1。

表4-1　材料、设备和工具清单

材料	设备	工具
2条油泥（图4-1）	1台油泥烘箱（图4-2） 若干头盔实物（图4-3）	1套油泥刮刀、刮板工具组（图4-4） 若干钢制修整刀(可多组共享) 钢直尺、直角尺、水平画线仪、游标卡尺各1个（可多组共享） 割圆器、美工刀各1个 基本文具及绘制纸张若干

图4-1　油泥

图4-2　油泥烘箱

图4-3　头盔实物示例

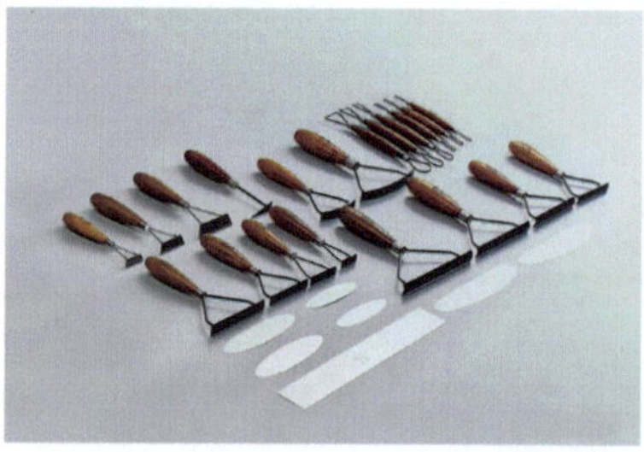

图4-4　油泥刮刀、刮板工具组

任务 1
头盔造型设计

任务描述

2023年在北京举办的解读头盔新国标媒体研讨会上获悉，我国摩托车保有量近1亿辆，电动自行车保有量超过3亿辆，在摩托车、电动自行车的交通事故中，因颅脑损伤导致死亡的人数占总死亡人数的 80% 以上。由此可见，佩戴头盔在骑行过程中尤为重要。从设计角度出发，“新国标”对头盔在固定装置稳定性、佩戴装置强度、吸收碰撞能量、耐穿透、护目等方面都作出了明确规定。本项目选择“头盔”作为设计对象，希望为骑行者设计出更安全的产品。头盔设计参考如图4–5、图4–6所示。

产品设计最基本的要求是能解决生活中存在的问题，能落地，那些无法落地的设计构想是无用武之地的。在设计过程中，设计师从产品的实际需求出发，通过反复设计与验证，积累学习经验。这是设计能力的价值体现，也是模拟职场训练的学习重点。

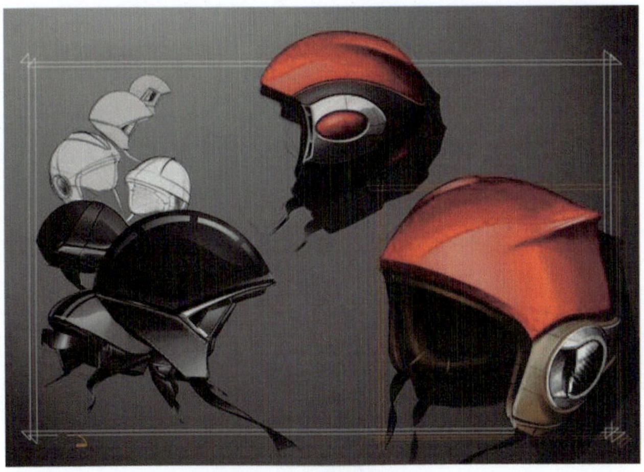
图 4-5　无罩式头盔

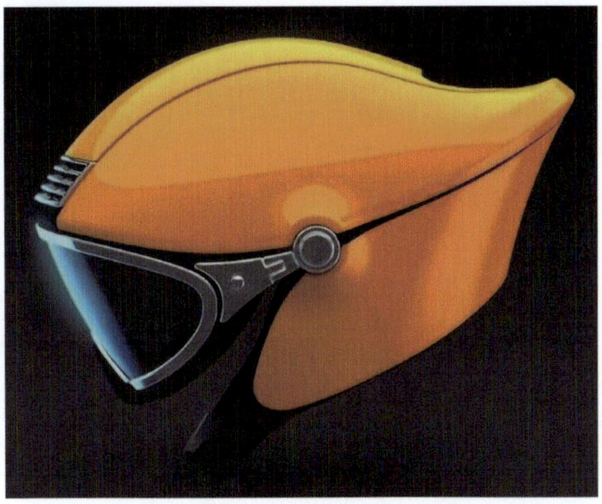
图 4-6　半罩式头盔

任务实施

头盔造型设计的任务实施流程如图 4–7 所示。

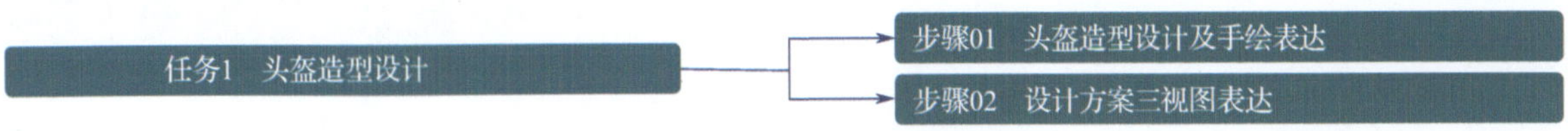

图 4-7　头盔造型设计的任务实施流程

步骤 01 头盔造型设计及手绘表达

扫描二维码，跟随视频，学习头盔造型设计及手绘表达。

微课 4-1 头盔造型设计及手绘表达

1. 制作设计意向版图

如图4-8所示，先从现有产品的分类中归纳出产品的基础风格，以头脑风暴的方式激发出可能的设计方向及需要规避的冲突元素，再以光谱落点的方式框定出可用素材的范围。通过“三案原则”和“两案融合”（“三案原则”是指预案、方案、实施案三者综合考虑；“两案融合”是指两个方案合并优化），依据光谱落点筛选出有效的意向素材，把模糊的设计概念通过图像的形式表达出来，这是概念可视化的第一步。

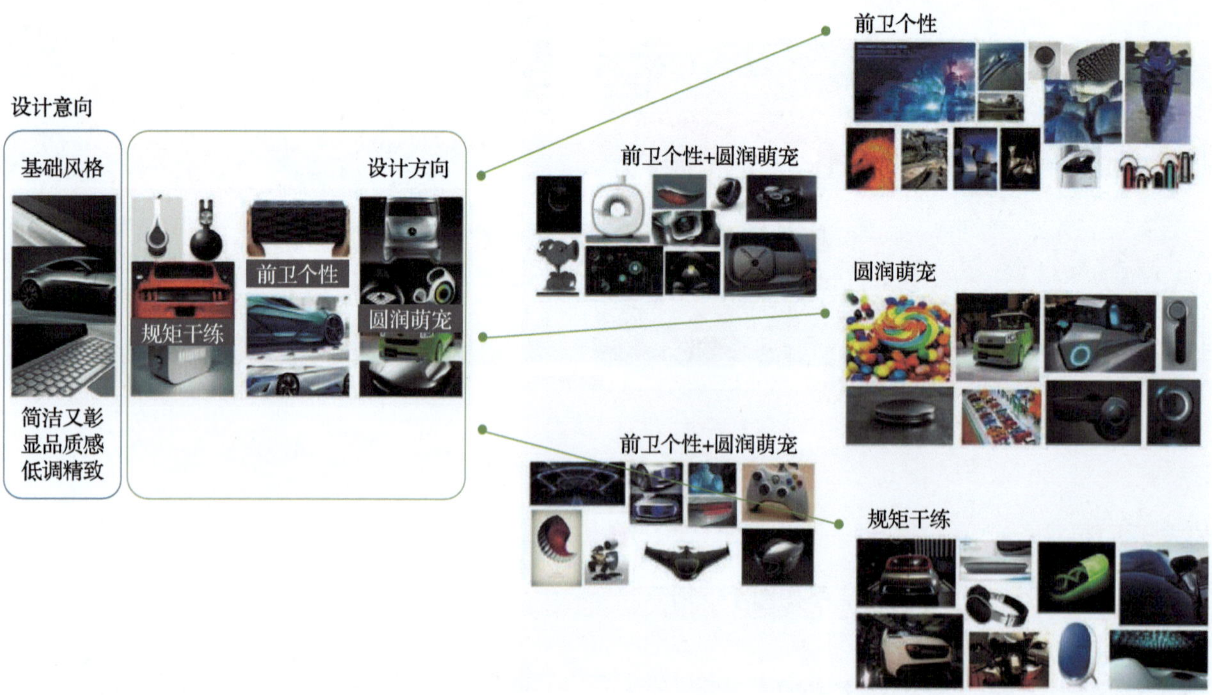

图 4-8 设计意向版图

2. 提炼元素，构思草图

以设计意向版图中抓取次数最高的元素为核心，从使用环境、人群喜好为设计触点，构思草图。从核心元素出发，通过发散思维，设计与主题相关联的元素，提炼元素特征，完成产品设计。建议在构思草图阶段使用手绘草图，直到形态描述没有缺漏后再移到计算机上进行绘图。构思草图的过程如图4-9所示。

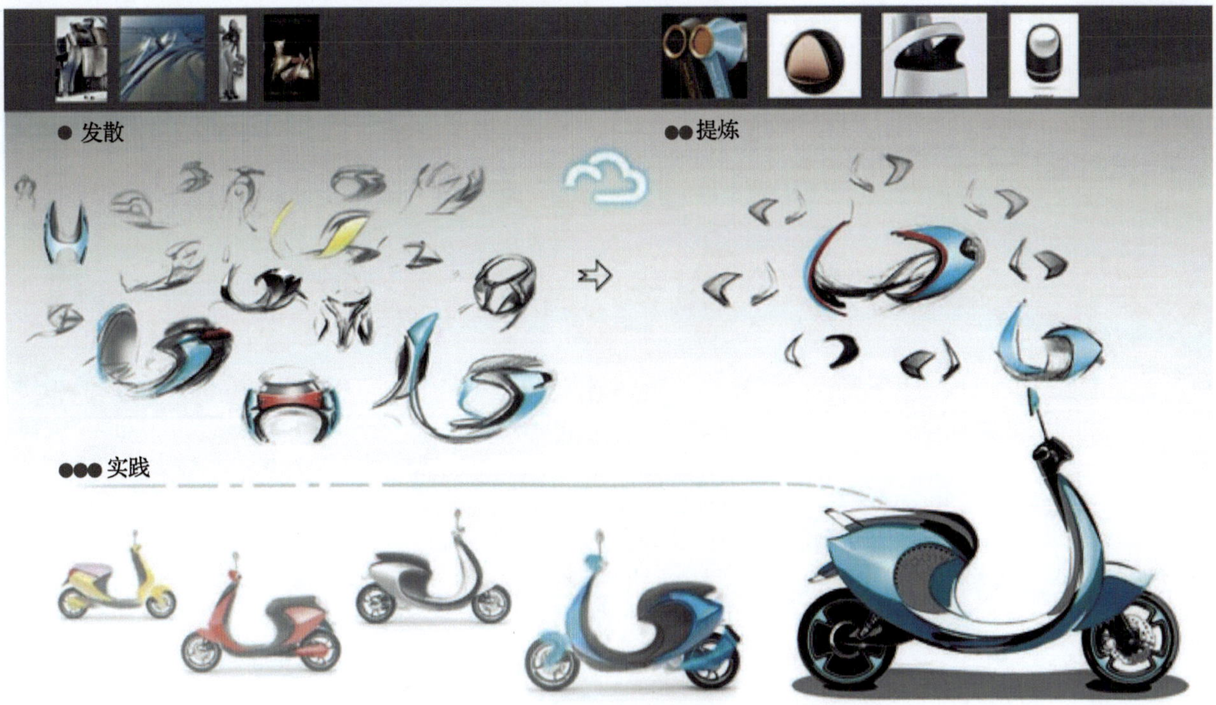

图 4-9 构思草图的过程

3. 收敛思维，优化构想

绘制线稿，确定构想的轮廓特征，如图4-10所示。

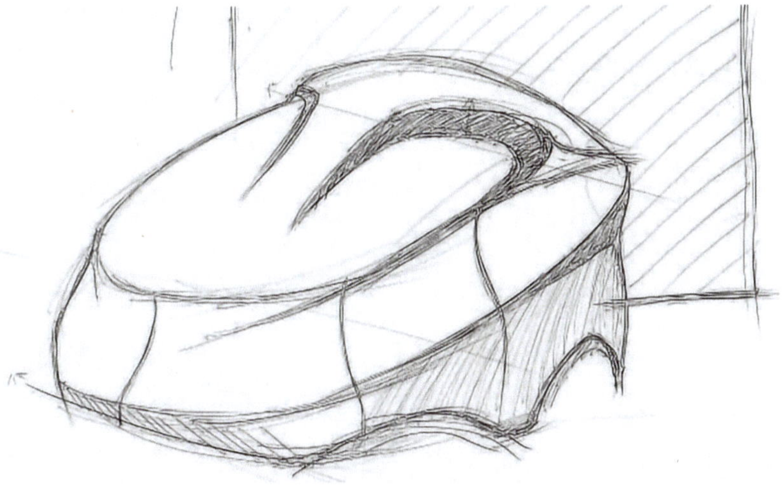

图 4-10 头盔立体图线稿

线稿上色，如图4-11所示。仅通过线条难以展现体量及比例，即使运用素描技巧添加阴影，也可能导致形态与材质界限模糊，从而增加图面解读的误差。因此，上色成为最直观有效的表达方法。首先，依据产品分件平涂基础色彩，再运用明暗对比展现产品的立体结构和相互关联，最后赋予材质特色，确保任何人都能直观地理解设计初衷。草图的优势在于修改便捷，为后续的验证和调整提供了极大的灵活性。

图4-11　线稿上色

步骤02 设计方案三视图表达

1. 三视图面尺寸确定及工程制定

产品三视图只能定义造型方案的大致形态与相互的比例关系，产品的空间结构的合理性以及是否符合生产需求无法明确表达，所以在产品构想图（草图）完成后，我们要完成工程三视图的制作，如图4-12、图4-13所示，三视图明确要求标注每个构形的尺寸并构建合理空间，每条线、每个面在空间中如何生成与变化都要明确制定出来，第一版的三视图可能会与构想图（草图）表达的意象有很大的差距，要遵循构想图把最不失真又能合理生产的最佳尺寸调整出来，依据产品的复杂度在信息不够完整的情况下追加五视图、断面图、爆炸图和破碎图等，依据这些图帮助我们更好地理解产品造型的信息。我们根据产品的复杂程度来选择合适的视图呈现。只有明确产品信息，才能进入造型验证阶段。

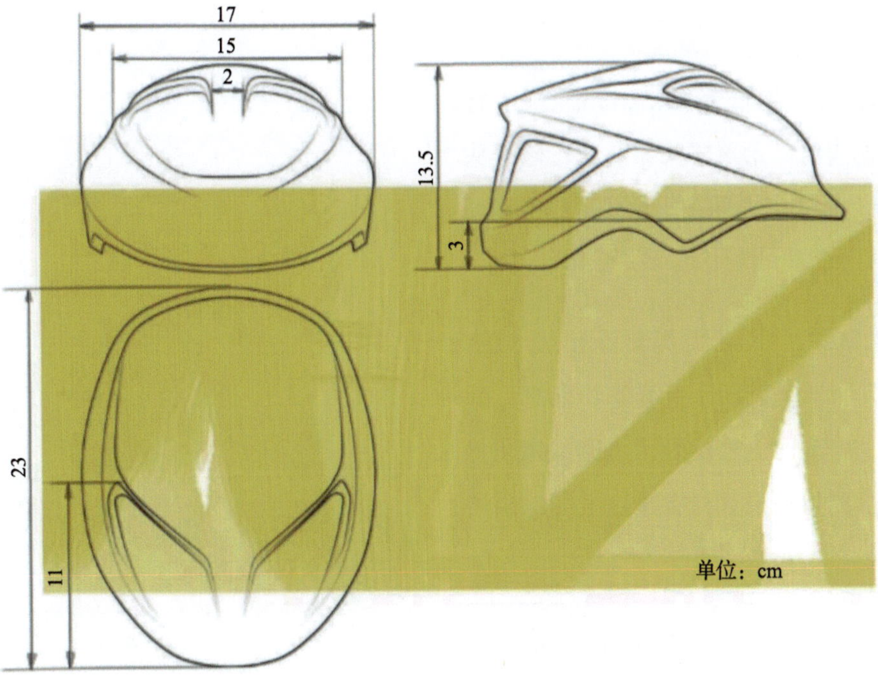

图 4-12　头盔三视图线稿

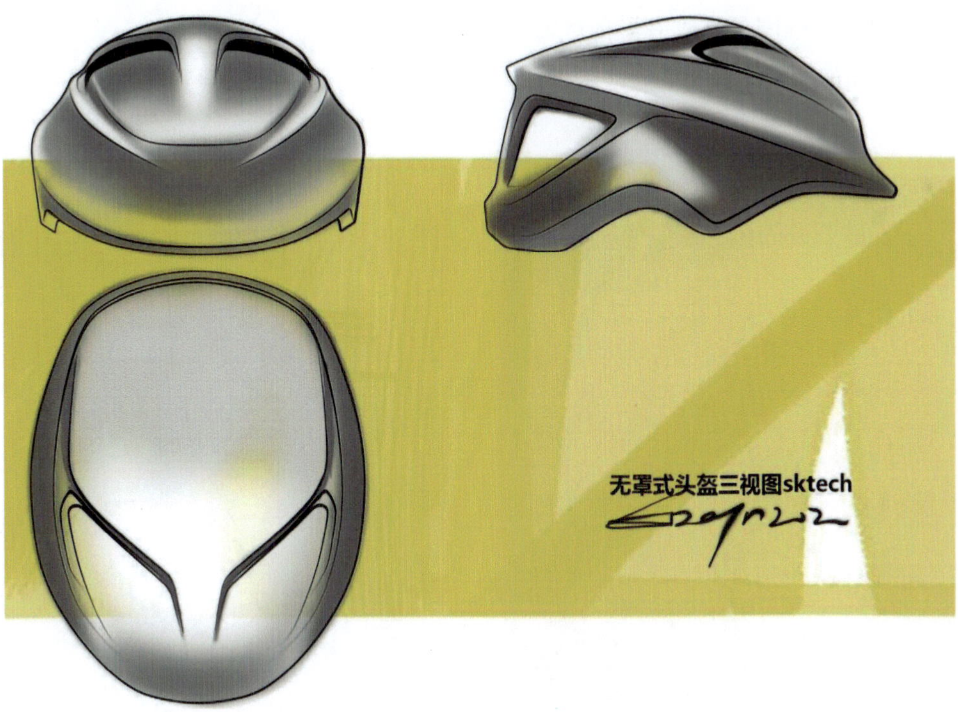

图 4-13　三视图光影效果

2. 产品工程要求重点表达

产品的造型设计是建立在产品功能完整、结构合理的型态上实现的，这也是产品能落地生产的基础条件之一。

如图4–14所示，在低速（25km/h以下）行驶中发生冲击伤害时，无罩式头盔能通过破碎头盔的PC发泡壳分散冲击力保护头颅。头盔的造型设计也需要在实现这个功能的基础上去做设计。

如图4–15所示，半罩式头盔是针对中速（60km/h以下）行驶佩戴的，主要防护面部、后脑等部位。中速行驶时发生的翻滚刮磨比直接撞击伤损更严重，所以在设计时要重点考虑头盔的耐磨力。

如图4–16所示，全罩式头盔是针对高速（100km/h以上）行驶及专业场景的，对刮磨及冲击要求都非常高，还得兼顾长时间佩戴的舒适性，这些功能需求在制定构想图尺寸时会受到严谨的验证，一定要满足功能需求才是可用的提案。

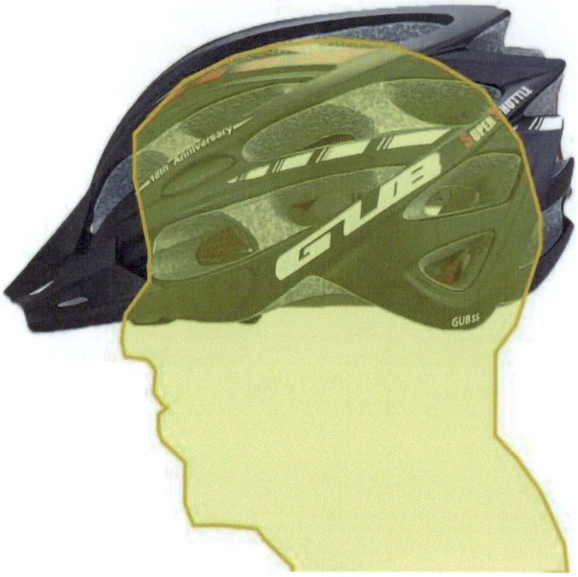

图4–14 无罩式头盔

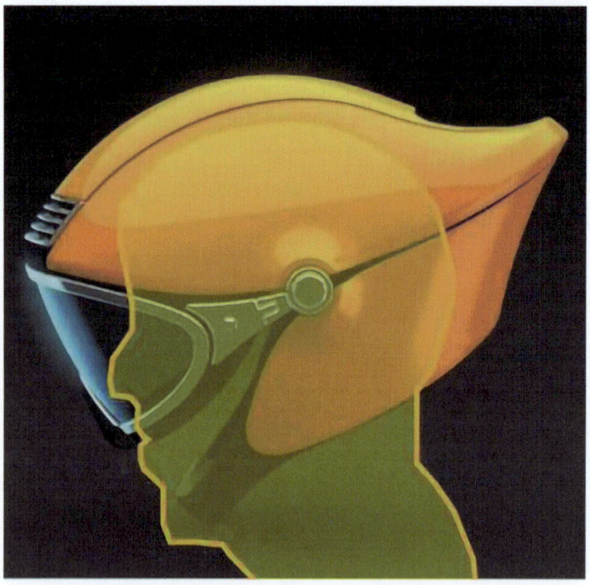
图4–15 半罩式头盔

图4–16 全罩式头盔

任务 2
头盔油泥披覆制作

任务描述

在确定了三视图（图4-17）以后，我们将在油泥模型中探索头盔的造型。

如图4-18所示，第一步是头盔油泥内胚的制作以及大型的塑造。在此过程中我们不仅可以熟练地使用各种油泥工具，并且需要对头盔整体的体量做到心中有数，这样才可以在不浪费油泥材料的情况下，将油泥模型的大型完美呈现出来。

微课 4-2　项目4
任务2导航

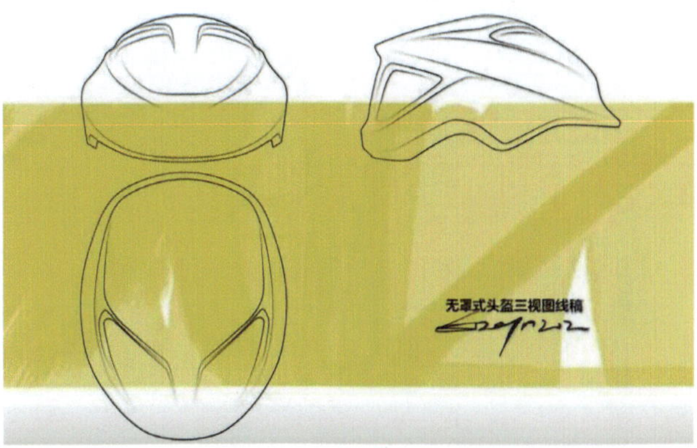

图4-17　无罩式头盔三视图

图4-18　头盔油泥内胚侧视图

任务实施

头盔油泥披覆制作的任务实施流程如图4-19所示。

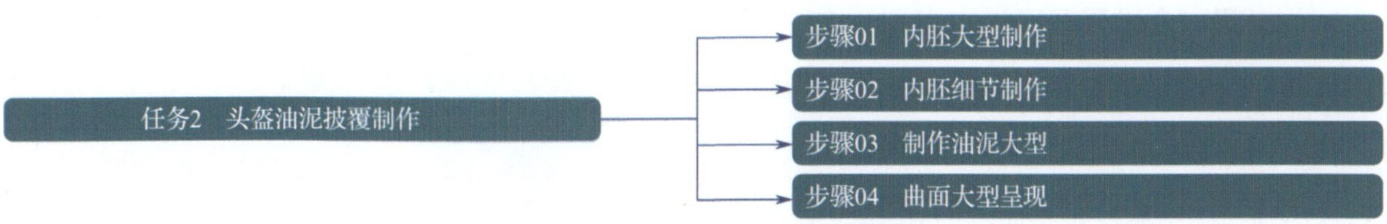

图4-19　头盔油泥披覆制作的任务实施流程

步骤 01 内胚大型制作

1. 侧视体块呈现

如图4-20所示，将侧视图的轮廓尺寸描绘在PU板上面，以中心线为界，分左右两个半边来做堆积，如果模型宽度超过PU板的厚度，就以层叠的方式来使PU板的总厚度超过宽度尺寸，因为基底需要一个稳固的测量平面，所以我们以15mm厚度的三合板来作为整个模型的测量底座。为了有利于后期模型在调整时有可信赖的测量点，所以我们先在底板上绘制以50mm为单位的百格线网，完成后在我们定义的中心点上竖立一个牢靠的支撑，为保证后续模型施工的操作强度，建议用螺钉锁合，接着再依照投影线把PU板裁切出来，用热熔胶贴附在支架上面，如图4-21所示。

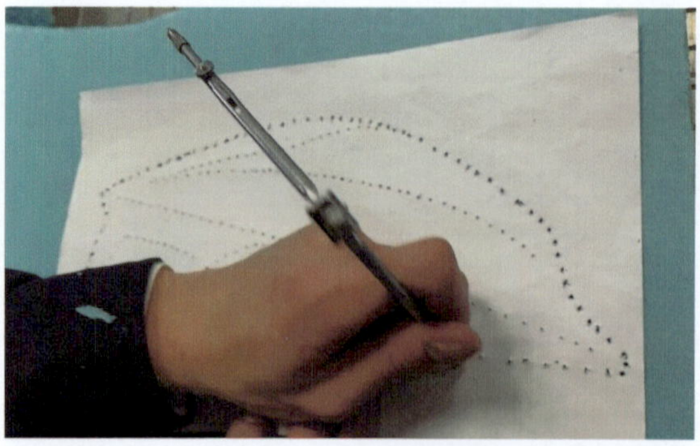

图 4-20　侧视图轮廓描绘

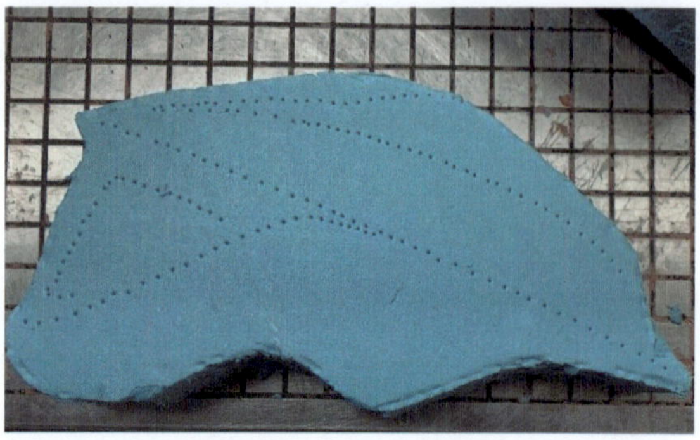

图 4-21　切割头盔轮廓

2. 整体体块呈现

如图4-22所示，完成单侧的PU贴附后，我们再依照定位把另一侧的PU也一次性地予以贴附，因头盔为椭圆形的产品，半面塑形很考验空间感知，所以先以全形态来塑形，以避免空间感知上的误判，塑形的顺序为先建立侧视图投影的形态。

图 4-22　贴附 PU

如图4-23所示，接着把上视图的轮廓切削出来，之后再将模型前后视图的大型塑造出来。我们在制作过程中会出现图面形态误判，在这个阶段通过各个视图不断地对比和目测方式，将模型修正成正确的形态，在PU草模上确保每个视图上的设计点都能正确且符合立体比例。

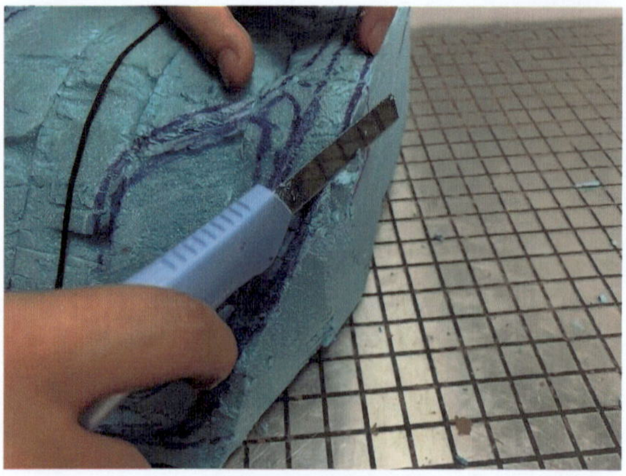

图 4-23　切削轮廓

步骤 02 内胚细节制作

1. 类型转换的顺序

因为PU是做减法的设计素材，所以形态塑造的顺序是由凸到凹、先外再内。如果发生过切的状况，只能把过切失误的部分全部切除。填补上新的PU后，再正确地切削打磨，如图4-24所示。

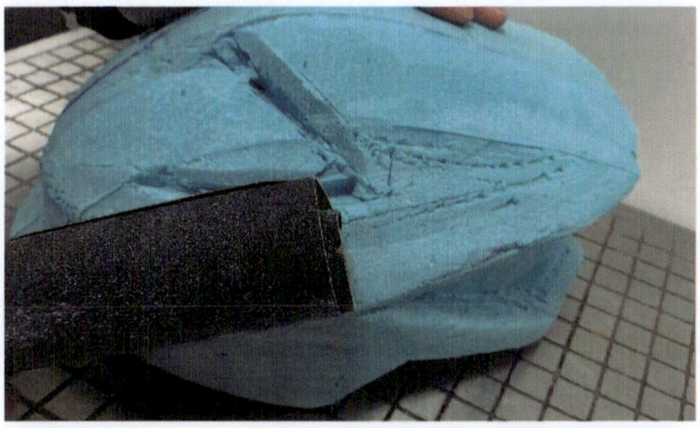
图4-24 打磨

如图4-25所示，当形态需要由宽到窄的立体变化时，应由宽往窄切出上视图的外观轮廓线，由后视图来定义相交棱线的位置，找出相交棱线大概的区间之后，再塑造内凹的切面。一是要有保险的预留度，以免无法调整,二是要依据切面的关系变化来分段施工。单纯的相互关系可以一次施工，有变化的地方最好分段施工，谨记形态转换的工序技巧，切记一定要先规划再动手。

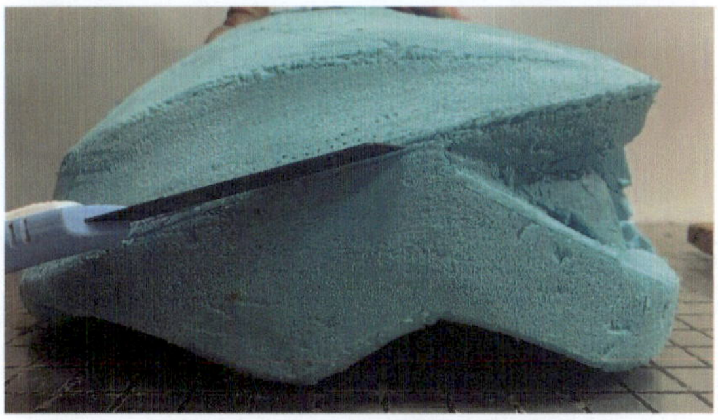
图4-25 定义相交棱线的位置

2. 产品体态呈现

根据分段施工的技巧，逐步把产品外观大型制作出来。形态拆解时要理顺主从关系，先制作主体，再制作从属区间。按照由外而内、先大后小的施工顺序，先确定外轮廓的造型区间，可暂时忽视轮廓内部未确定的区间，直到相交轮廓线定义清楚后再分层往内制作。

头盔的内胚主视图与侧视图如图4-26、图4-27所示。拆面与构成解读是产品外观设计上必不可少的基本硬技能，其中贯穿了形态学、几何学与空间学。

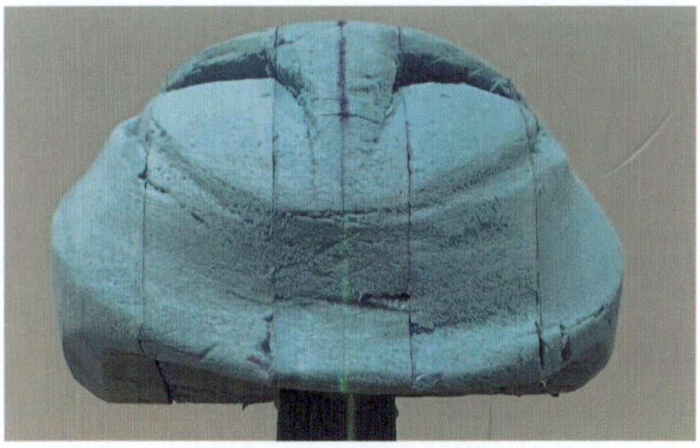
图4-26 内胚主视图

图4-27 内胚侧视图

步骤 03 制作油泥大型

1. 表面材质的转换

三视图的比对及基本几何的验证可以确定头盔PU模型的造型尺寸，但仅靠三视图的尺寸还不能制作出精准的生产模型，所以我们要转用油泥材质把曲面及棱线制作出来。

如图4–28所示，借助水平仪画出头盔的分面线（尺寸大小没有特别的要求）。

如图4–29所示，用马克笔画出记号线。

用油泥替换PU大型时，披覆上去的油泥厚度一般在2~3mm即可，修改量较多的地方，酌量增加厚度。先以中心线为起始作半面的替换，完成之后，在尺寸形态无误的情况下再对称施工另一侧，这也是给替换的工序上一道保险。为了更好地保持模型尺寸，用美工刀按照记号线小块地切除内胚模型的PU材质。

先在施工面上画出分面线，规划好了以后再一个一个区块依序替换，使用美工刀以2~5cm的厚度切除区块的PU，再以油泥回填到等厚度，如图4–30、图4–31所示。因为四个边界都有未清除的PU作为填充油泥的参照，我们也不会有形态及尺寸跑偏的疑虑，依此工序逐渐完成表面替代，看似最笨的方法，其实反而是最简单有效的途径，这也是专业与否的显著的指标。

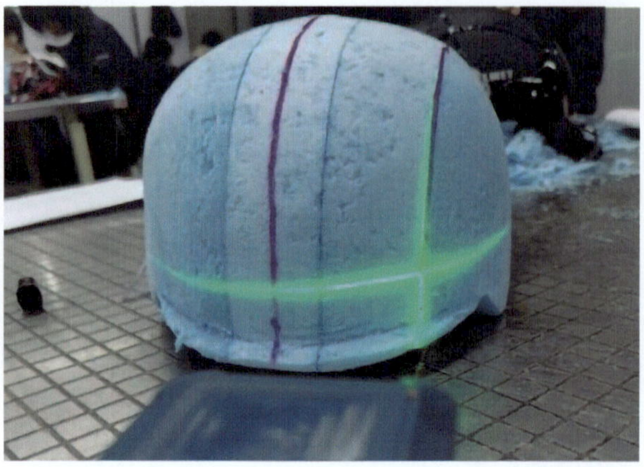
图4–28 水平仪确定分面线

图4–29 马克笔画出记号线

图4–30 美工刀切除PU材质

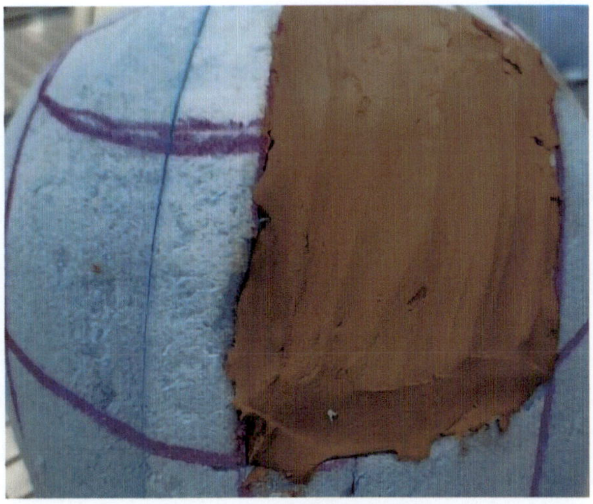

图 4-31　油泥复原切除造型

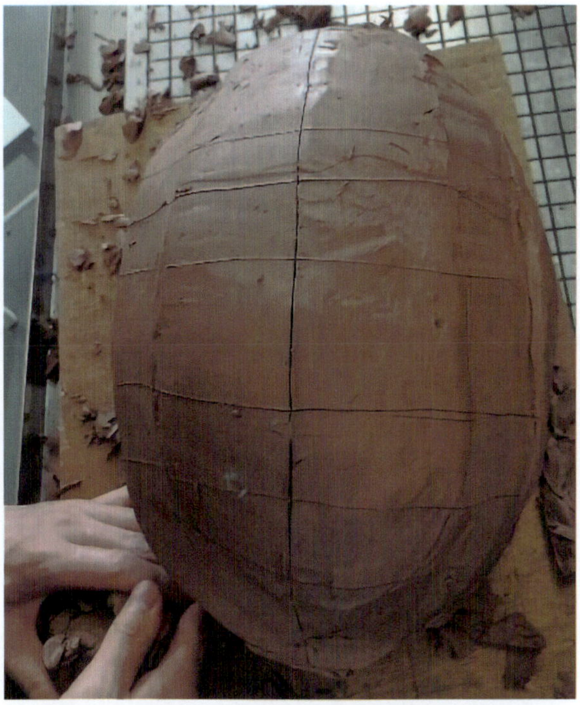

图 4-32　完成油泥材质的替换

如图4-32所示，重复以上步骤，完成全部模型的油泥替换。在上油泥时，要按照模型面的走势施工，这样可为后期刮削带来事半功倍的效果。

2. 曲面与棱线的整理

如图4-33所示，完成油泥材质替换后，模型像是随意堆砌的泥塑粗坯，接着要调整模型的尺寸及形状的精准度。

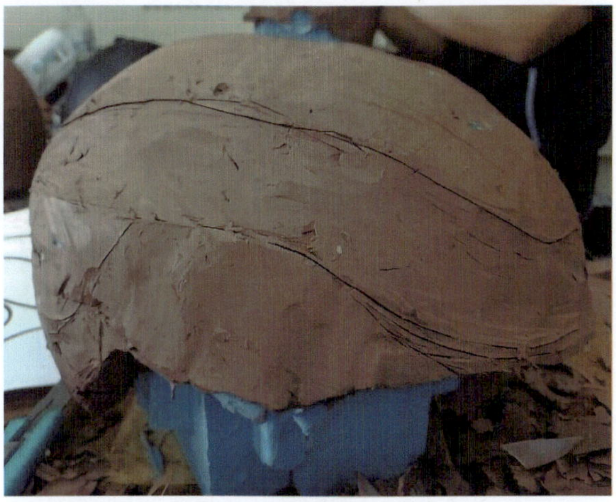

图 4-33　头盔油泥粗坯

此刻再用刮板做面与棱线的整理。调整时不可过度刮削，以免尺寸偏差严重。油泥塑形可用加减法搭配的特性来调整面的曲率及张力，同样地先以半边来施工，善用刮板均质弯曲的特性就能快速地呈现顺畅的曲面，如图4-34所示。油泥可任意增减，建议先以最小的曲度来塑面，施工过程中一些边角的PU就会显露出来，为避免外露PU造成干扰，需要将其清除掉，再按照造型的曲率往上叠加油泥。

图 4-34　头盔曲面呈现

步骤 04 曲面大型呈现

在造型呈现时，要把设计图中的产品整体造型用曲面变化的方式呈现出来，这也称为“产品的身段调整”。在造型验证时，首先看设计精神的诠释是否到位，模型必须呈现出设计造型的最佳状态，这时即使有些地方的构型不合乎工艺或机能等也是被允许的，唯有看到造型的极限表达后，我们才能去判断成本及优劣。

头盔油泥模型的俯视图与主视图如图4–35、图4–36所示。

图 4-35　头盔油泥模型俯视图

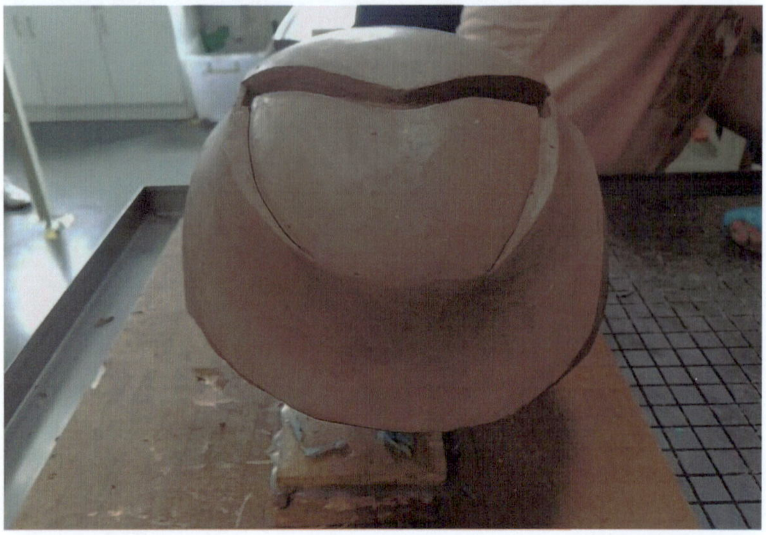

图 4-36　头盔油泥模型主视图

任务 3
头盔模型功能与人机调整

任务描述

本任务将深入制作头盔模型大型。头盔是用来戴在头上的，因此我们需要对头盔的人机工程做出一定的验证和调整，使最终呈现的作品是一个质量合格的且可以佩戴的头盔，如图4-37、图4-38所示。作为一个工业产品，本任务将在工程上对油泥造型做一定的验证和调整。

微课 4-3　项目 4
任务 3 导航

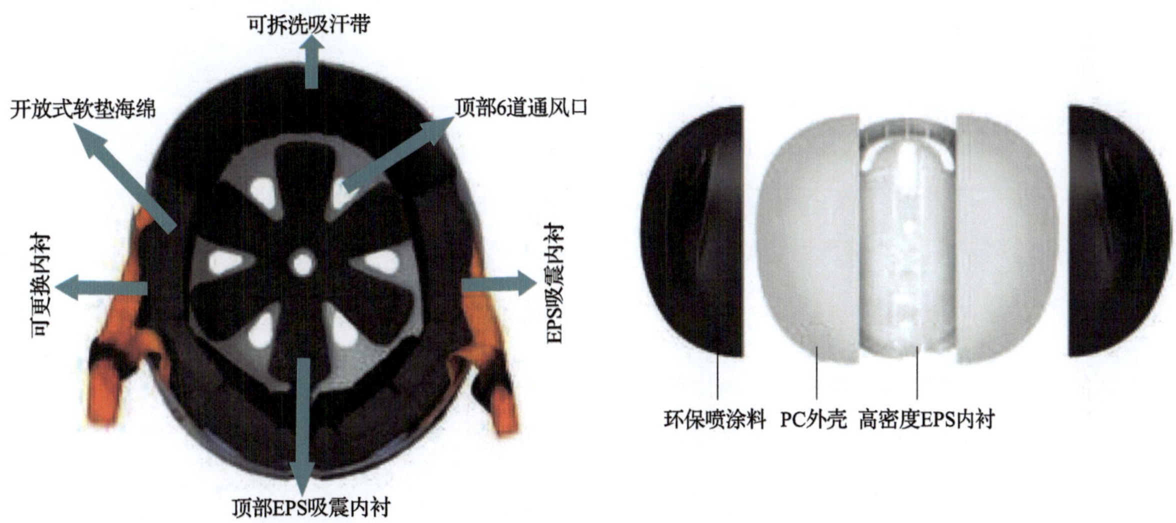

图 4-37　人机工程验证

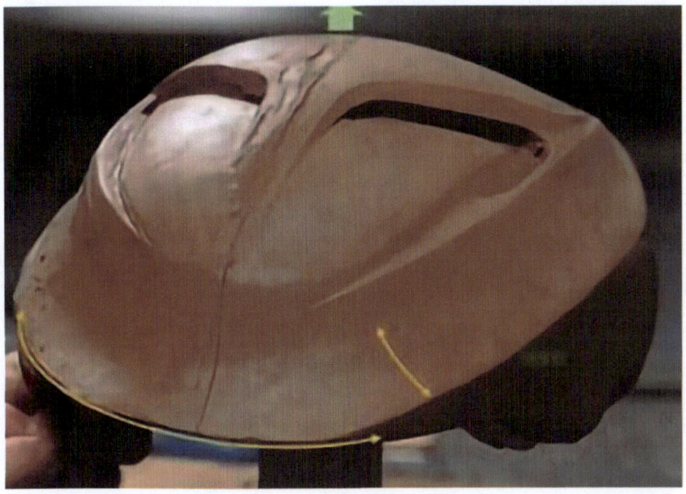

图 4-38　油泥造型的工程验证

任务实施

头盔模型功能与人机调整的任务实施流程如图4-39所示。

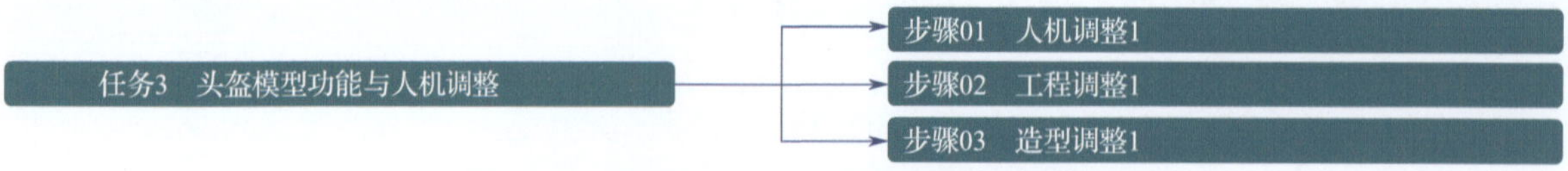

图4-39 头盔模型功能与人机调整的任务实施流程

步骤01 人机调整1

扫描二维码，跟随视频，学习人机调整1的学习。

微课4-4 人机调整1

1. 视觉反馈的确保

骑行头盔是在户外的开放空间使用的，因此，当遇到危险时，考虑头部及脸面防护效果，尤为重要。

人体的颈部由七节颈骨构成支撑，再由肌肉完成定位与操作。由于需精密动作，肌肉强度不够，当受到冲击时颈部肌肉无法与外力抗衡，很容易产生头部的甩动状况。为了有效地保护面部器官不在地面摩擦时受伤，用突出的帽檐与地面接触磨耗是必要的。

撞击测试的要求是只能裂开而不能有尖锐的碎块。

面部安全机能如图4-40、图4-41所示。

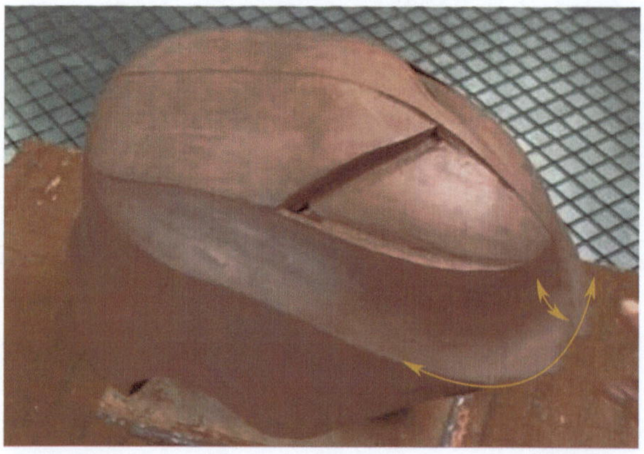

图4-40 面部安全机能1

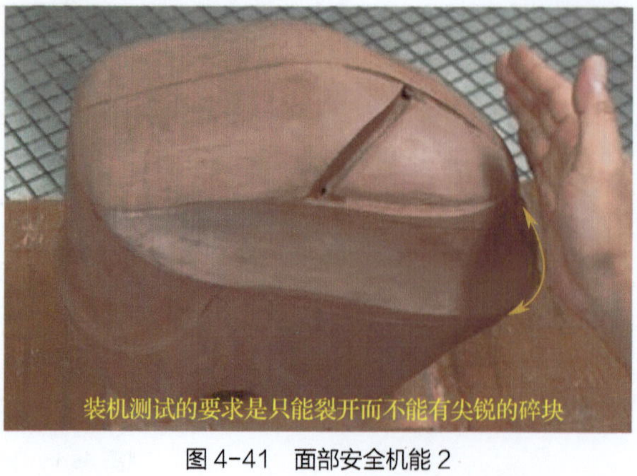

图4-41 面部安全机能2

如图4-42所示，磨耗区间是骑行头盔必要的面部安全机能。

如图4-43所示，为了避免太阳直射在视网膜上形成光炫等干扰，如同棒球帽的帽舌结构也是非常必要的，有些款式更有可换装的延伸帽舌，以满足不同群体的使用需求，机能的呈现是很多样化的。

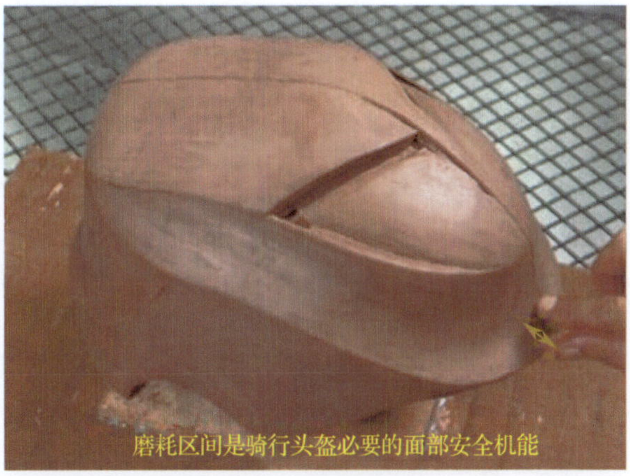

图4-42 面部安全机能3

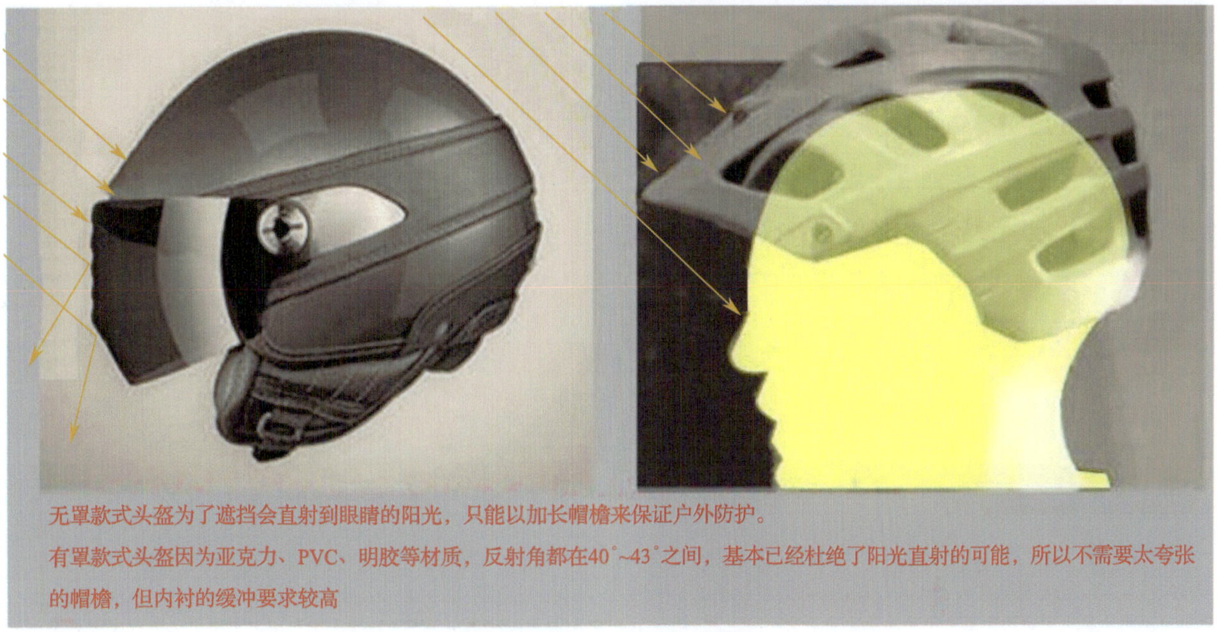

图4-43 不同款式的防光展示

2. 防撞与结构调整

如图4-44所示，当头盔受到正面撞击的时候，需要将碰撞点的力分散到整个帽体上，以避免由单点冲击力引起的脑震荡，同时运用材质的变形将冲击力转化为内应力或剪力，如此才能保证颅骨不会受到挤压而受伤。

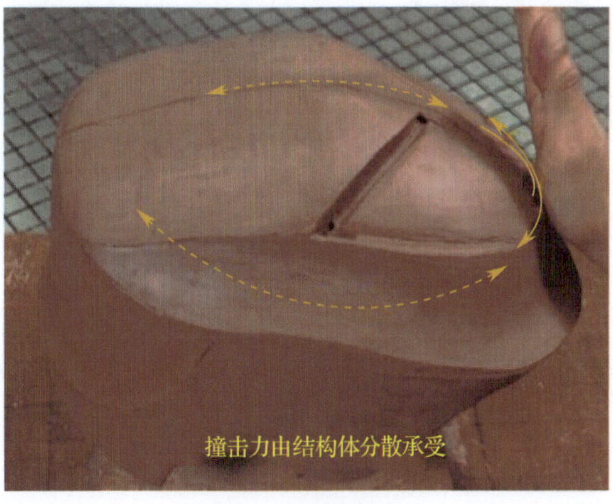

图4-44 防撞结构分析1

如图4-45所示，这时就要让侧边及上边的轮廓形成连贯的长弦比，前后则是类似额头构形的短弦比，才能使形变不会外张扩散。像鸡蛋一样将点受力传导到整体表面。

如图4-46、图4-47所示，在调整构形的时候重点在于纵向的结构强度一定要高于横截面的结构强度，才能确保其防护的机能，同时运动型头盔有着散热通风的必要机能，我们只要善加运用这点，即可形成结构与机能兼具的设计。

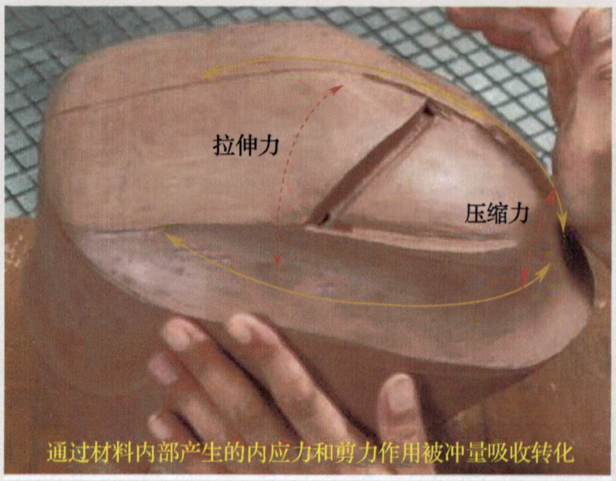

图4-45　防撞结构分析2

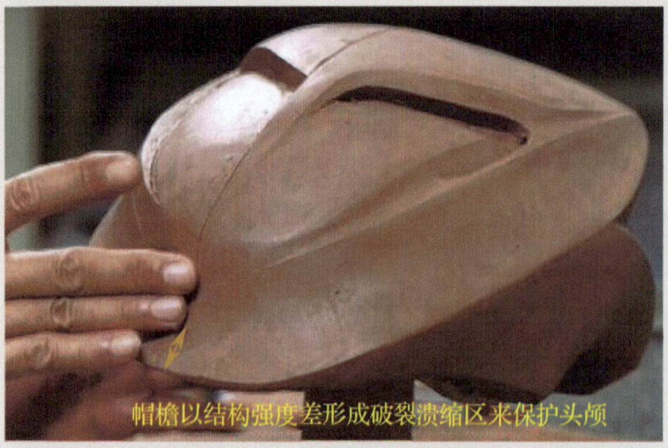

图4-46　防撞结构分析3

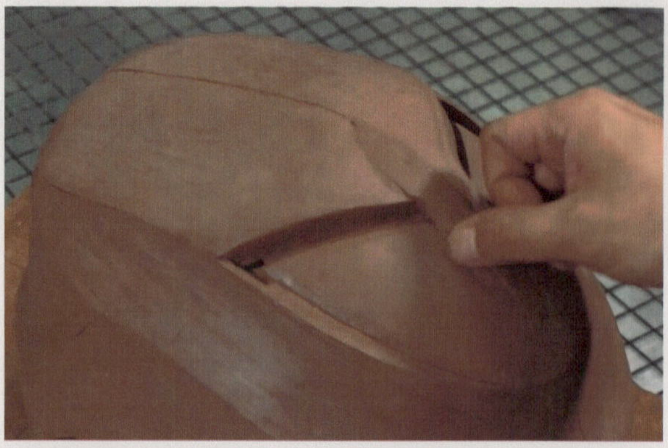

图4-47　防撞结构分析4

步骤 02 工程调整 1

扫描二维码，跟随视频，学习工程调整1。

微课 4-5 工程调整 1

1. 模具组装规划

在机能条件满足的前提下，我们开始进入初级的工程验证，首先要决定模具的生产方式。

如图4-48所示，头盔外壳基本以树脂注塑或纤维吸塑成型后在模具内直接打入EPS发泡内衬，一体成型的结构才能保证撞击时的有效防护，所以外部母模是由多个滑块拼接组成，至于分块的数量由两块到六块之间不等，全看造型的需求而定。

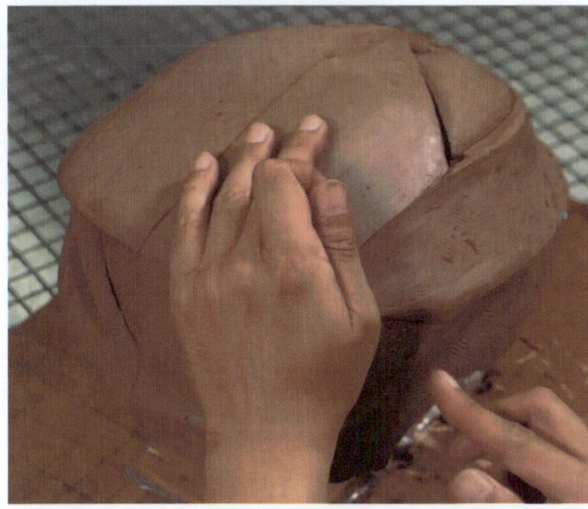

图 4-48 组装规划

如图4-49所示，整个上部帽体类似斗笠的外形，虽然进风口可能会有局部的倒钩，但以生产考量还是会以上拔模的方式来生产。侧边因为要有效地防护及固定住后帽体，左右两侧就以侧拔模的工艺来达成，要注意的是模具边界与帽檐的收尾细节。

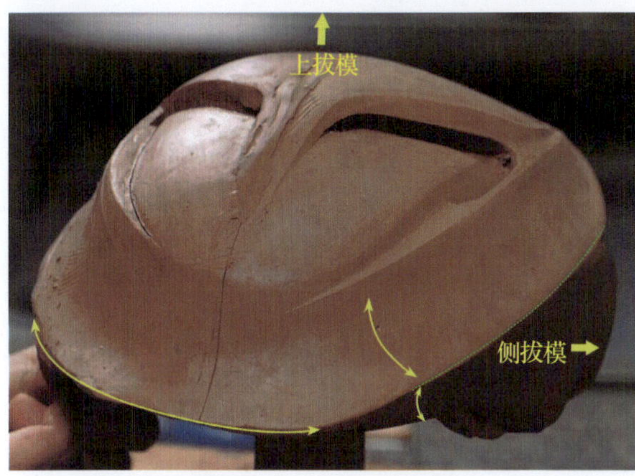

图 4-49 上拔模与侧拔模

如图4-50所示，后部帽体因为有散热结构的限制，我们就采取后拔模的工艺来实现，模具之间的模线处理可以在表面细修时制定清楚。

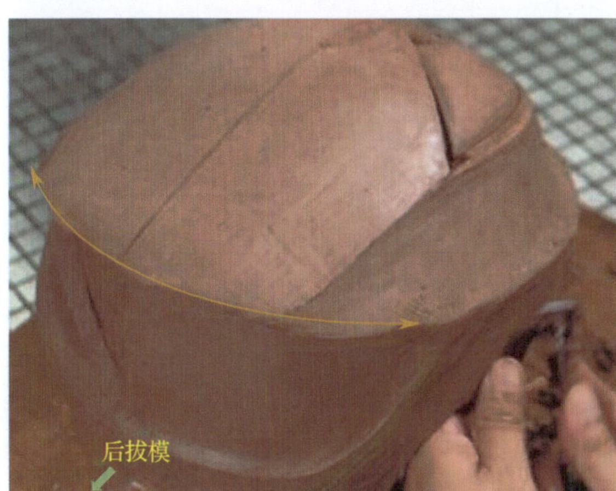

图 4-50 后拔模

2. 调整形体符合生产工艺

如图4-51所示，依循模具规划的决策帽体以四个模块的方式来生产，所以我们要把形体调整至符合生产工艺的要求。

图4-51　帽体修整

后帽檐下缘尽可能往前伸，如图4-52所示，后帽体为了保护脆弱的后脑勺，也同样捏出一个帽檐来增加帽体的防护等级，机能设计原则与前帽檐如出一辙。

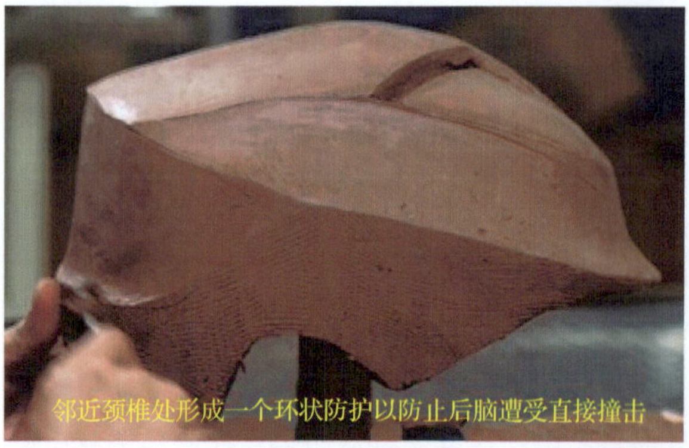

图4-52　后帽檐设计

由于人体最脆弱的延脑是受伤案例最频发的部位，因此我们在设计后帽体时特别注重覆盖脊椎，以有效保护延脑的安全。这是因为脊椎动物的关节结构主要应对前方的冲击而进化，对后方的冲击力则几乎没有任何防护机制。颈椎保护成为所有交通工具设计时的重中之重，因为产品的核心目的是保障用户的安全。

如图4-53所示，以前后帽檐轴线为整个帽体主要力传导依据。

如图4-54所示，形成立体结构的帽檐结构强度及力传导皆大幅度提升。

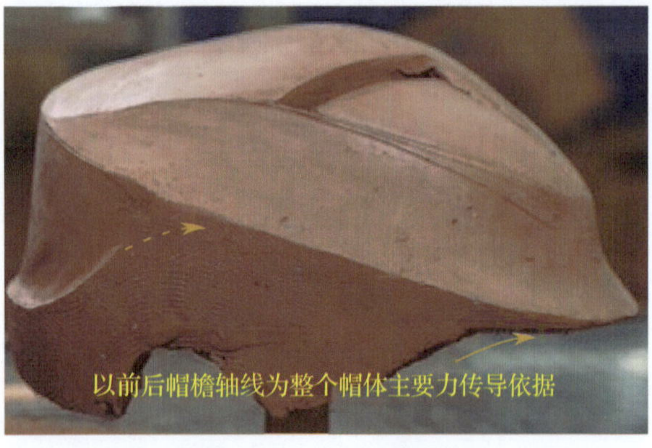

图4-53　前后帽檐展示

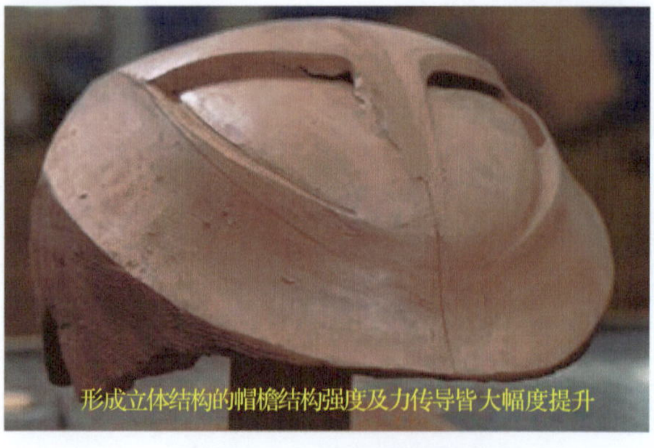

图4-54　立体结构帽檐展示

步骤 03 造型调整 1

扫描二维码，跟随视频，学习造型调整 1。

微课 4-6 造型调整 1

1. 走势与比例调整 1

在机能与工程要求导入之后，我们就要相对应地调整设计造型，以有效地融合各个层面的特征要素。整个帽体的造型主线是椭圆形的轴线串联起各个独立的元素，我们便将主轴的辨识度及完整度调整到视觉焦点上。

如图 4-55、图 4-56 所示，上部帽体须强化流畅性及形态比例，所以造型线及进气口的细节类似飞机机背及机翼上的形态特征，侧部的造型走势贴合整体，主次关系的比例做一些必要的弱化调整，从而缩小视觉面积、顺化轮廓的转换及体块感。

如图 4-57 所示，后帽体在骑行需求上属于第二撞击区，所以我们适当地弱化其结构强度以达到整体观感的平衡。同时后脑也是我们大脑运动时主要的散热区间，散热与通风的机能也是必不可少的，轻量与结构强度需完美兼顾。

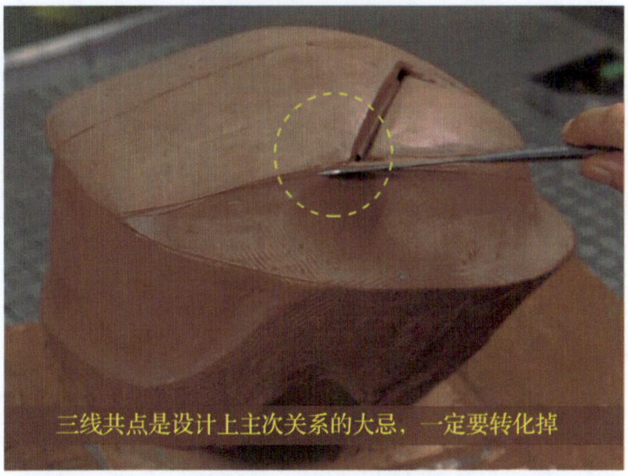

图 4-55 主次关系调整

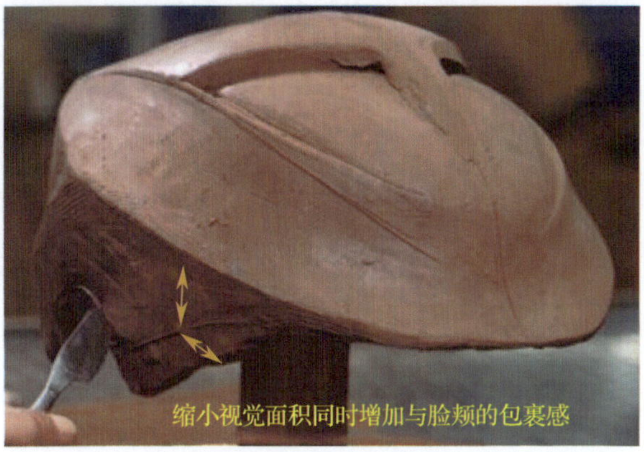

图 4-56 缩小视觉面积

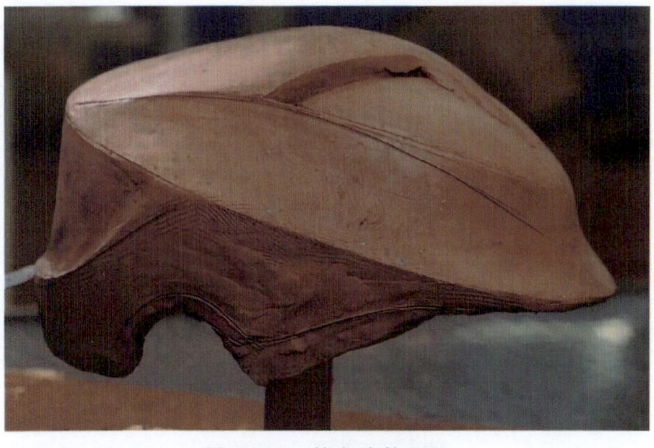

图 4-57 线条走势展示

2. 走势与比例调整2

线条在空间中出现只有两种情况，一种是在物体表面的刻线，另一种就是两个面相交出来的棱线了。我们要依据构想的呈现结果来合理化整个头盔结构的细节，至于相交面之间如何过渡的细节后续再来处理。相交线的刻画如图4–58所示。

额头的构形只是为了创造出短弦比而调整出来的，力线的交汇点则是在帽檐的根部，我们先把走势调整出来，如图4–59所示。上帽体的结构会因为进风口而形成中断的情况，所以为了保证防护强度，位于中心线的加强肋就必须加粗。进风口为了有效引流就必须形成贴合层界气流的风道，整体的形状阻力也是调整时要想方设法减少的，但毕竟要考虑气候上的防护性，在正视图、上视图的可见破孔还是要尽量地缩小，以减少雨水及泥污对头发及头巾的污染。

头盔细节刻画如图4–60所示。

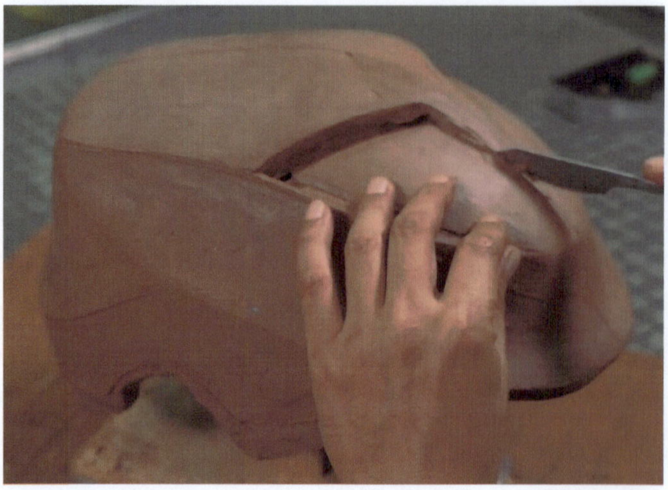

图4–58　相交线的刻画

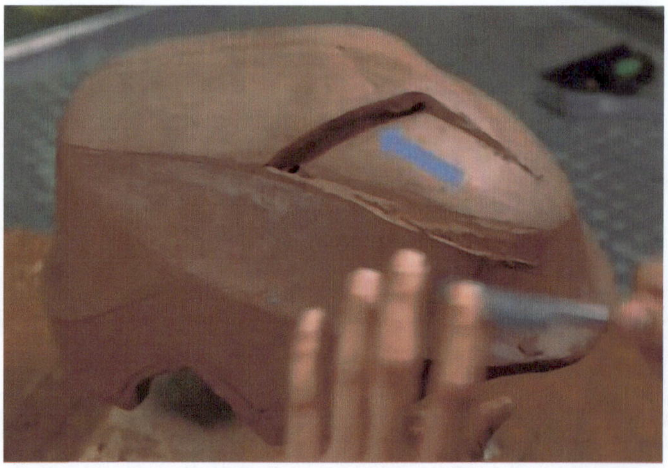

图4–59　面的走势展示

图4–60　头盔细节刻画

3. 侧部造型修整

侧部造型修整如图4-61、图4-62、图4-63所示。头盔要给使用者牢靠的感觉，我们要把折面尽可能地往脸颊的方向延伸，创造出贴合脸颊的包覆感，其实戴得是否牢靠是通过绑带与后脑的头箍调节来获取的，与头盔的外观没有任何的功能挂钩。

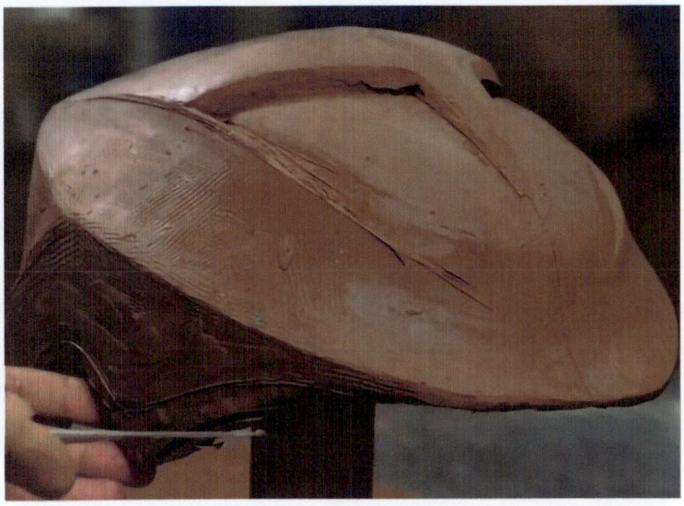

图4-61　侧部造型修整1

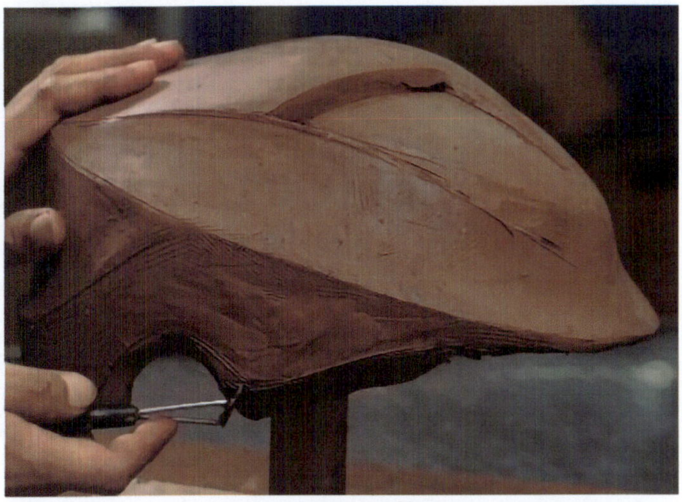

图4-62　侧部造型修整2

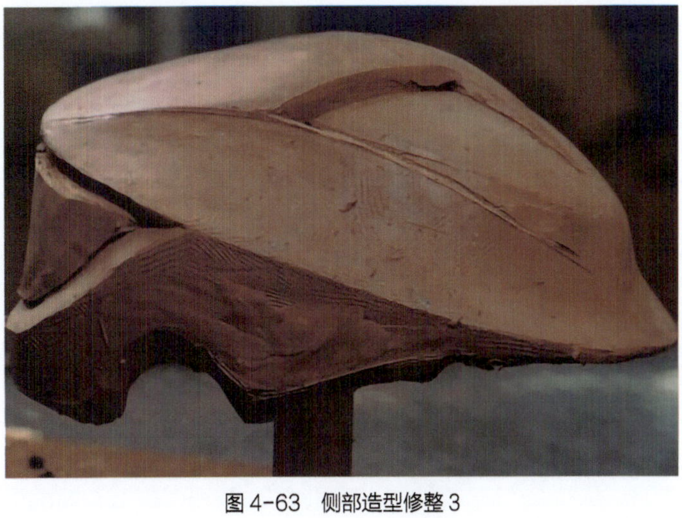

图4-63　侧部造型修整3

4. 后部造型调整

后部因为是第二撞击点，并不需要如同前部的高防护力，而且整个后部的视觉重量会产生前后不平衡的视觉感受，所以调整重点是在符合结构强度的底线之上尽其可能地实现视觉上的减重，同时要确保脊椎防护的需求。因此采用三角形的立体堆叠可以达成轻量结构体。形面的角度还是要符合流体力学上的通顺及有效。因骑行过程脑部会产生大量的余热，在头盔前部与后部设置风道就变得至关重要了，如图4–64所示。

后部造型展示如图4–65所示。

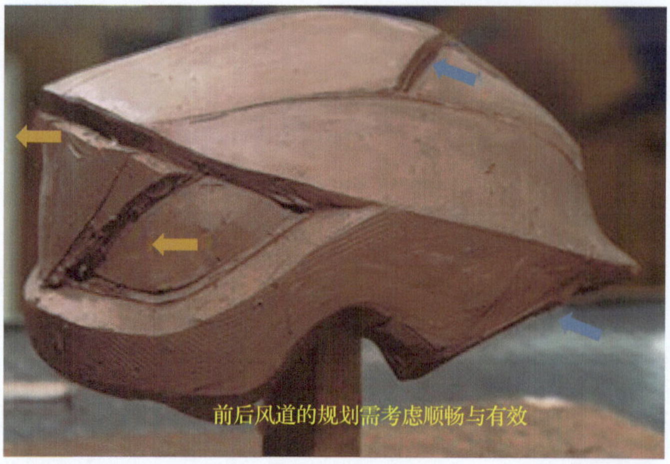

图4-64　前后风道规划

图4-65　后部造型展示

任务 4
头盔模型细节定案

任务描述

如图4-66所示，本任务将对油泥模型进行对称塑形和细节刻画，在此过程中还需要反复去微调头盔的人机和工程，对头盔的面和细节进行精修，制作出一个完美的头盔油泥模型。

微课 4-7　项目 4
任务 4 导航

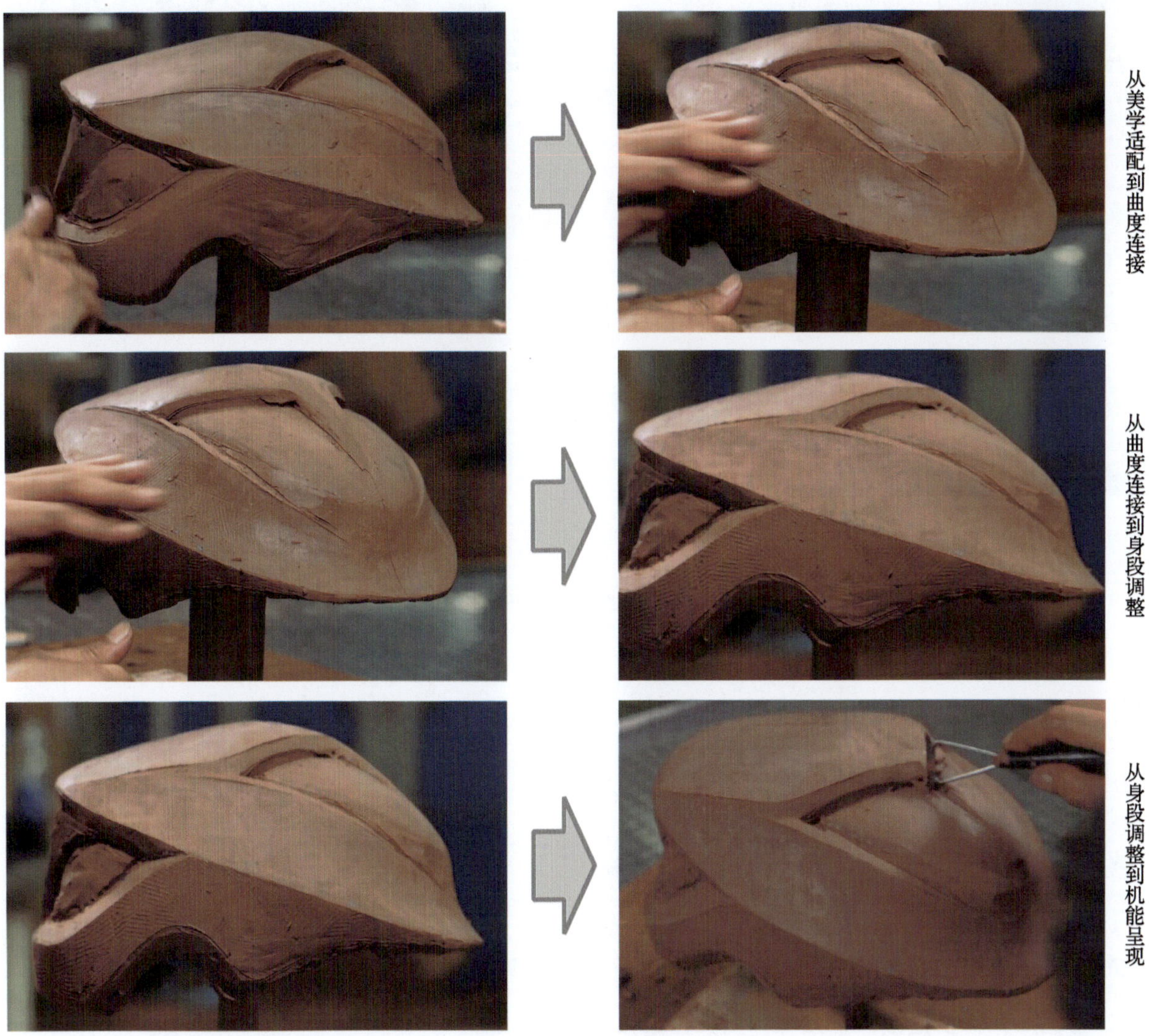

图 4-66　细节定案

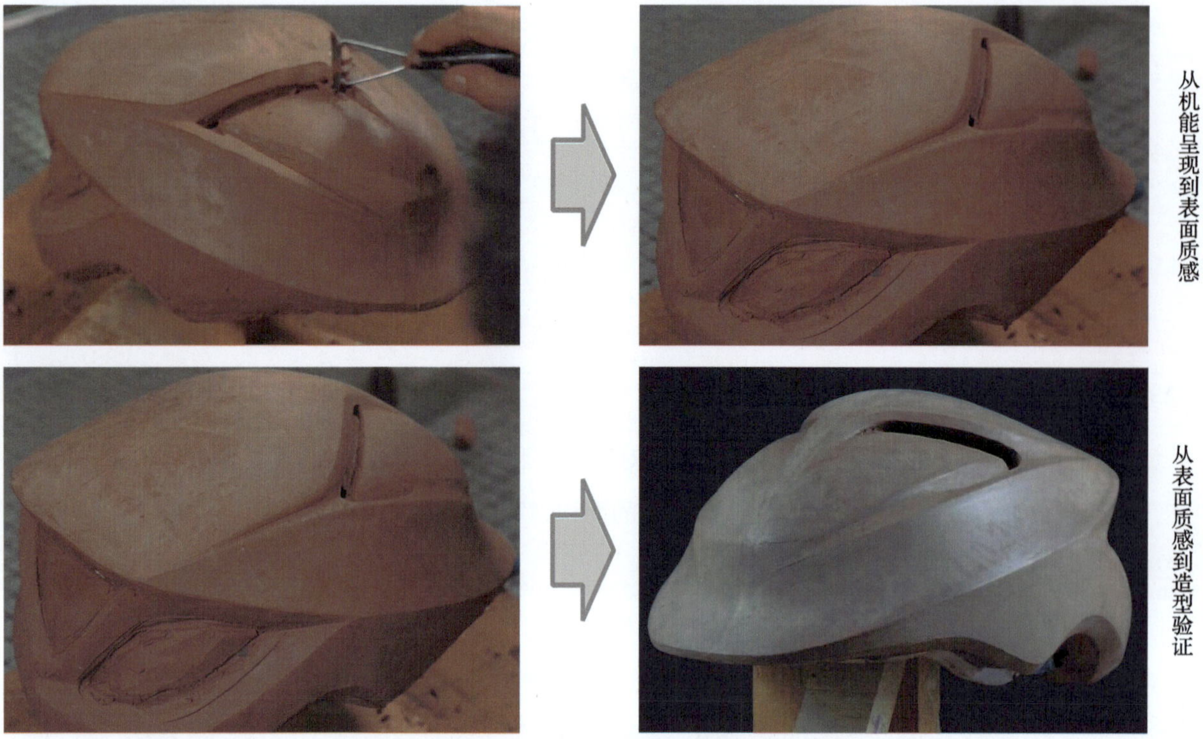

图 4-66　细节定案（续）

任务实施

头盔模型细节定案的任务实施流程如图 4-67 所示。

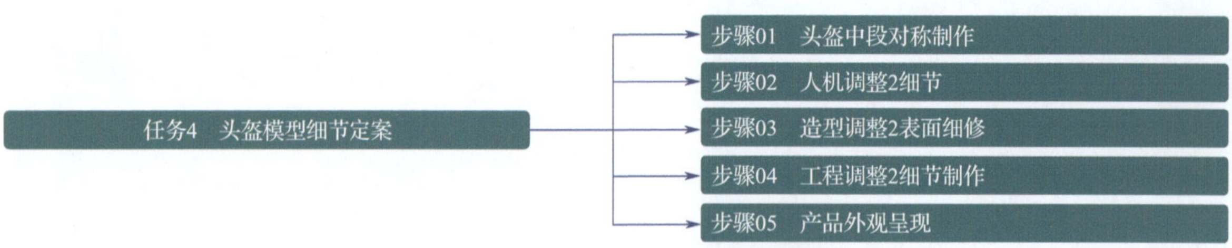

图 4-67　头盔模型细节定案的任务实施流程

步骤 01　头盔中段对称制作

扫描二维码，跟随视频，学习头盔中段对称制作。

微课 4-8　头盔中段对称制作

1. 后部构成顺化

处理帽体从侧部转到后部的构成顺化，每个形态的过渡都要平顺合理地呈现才是完整成熟的造型提案，在不同问题的验证过程都会制造出大小数量不一的边角收尾问题，所以设计调整时要细心周全地调整到完全服帖。

在调整过程中，需逐个以面为单位排除未顺利顺化的失误部分。排气孔的四个折边在空间中原本各自独立，必须将它们精心融合，以实现平滑的过渡变化，否则模具终止线将无法流畅闭合。同样地，脊椎护栏与侧面构形的融合也需要调整，确保法线的变化平顺且连续。

模具终止线如图4-68所示。曲度转换如图 4-69所示。

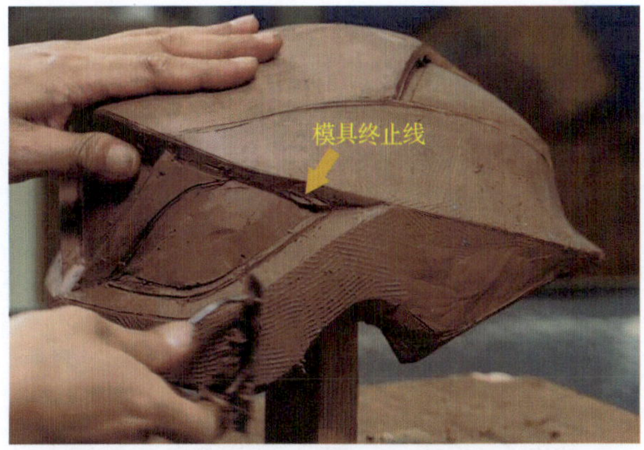

图 4-68　模具终止线

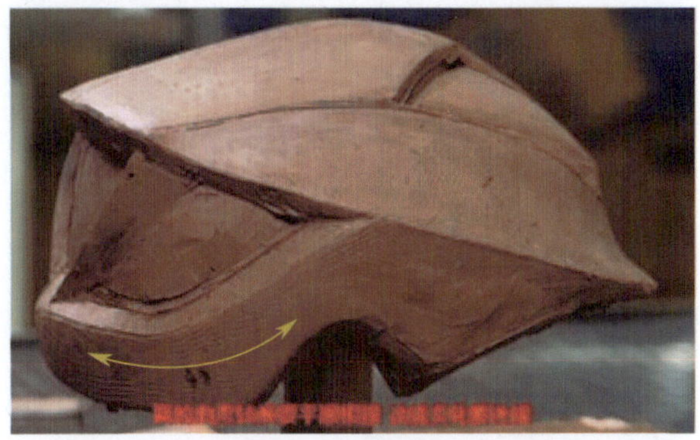

图 4-69　曲度转换

2. 前部构成顺化

如图4-70和图4-71所示，额头侧部因导风的需求与帽体形成了错落的分割，因此要把它们的相互关系做一个完整的收尾，为避免构形上四面共点的尴尬情况。把额头构形稍微沉降到低于帽体表面，自然可以在相交点前顺利融合，发鬓的位置因为与脸颊间隙太大，所以要以反曲面的构形来压缩间隙，避免不必要的空气扰流卷起头发，同时也能更有效地确保余光视野及避免听觉干扰。

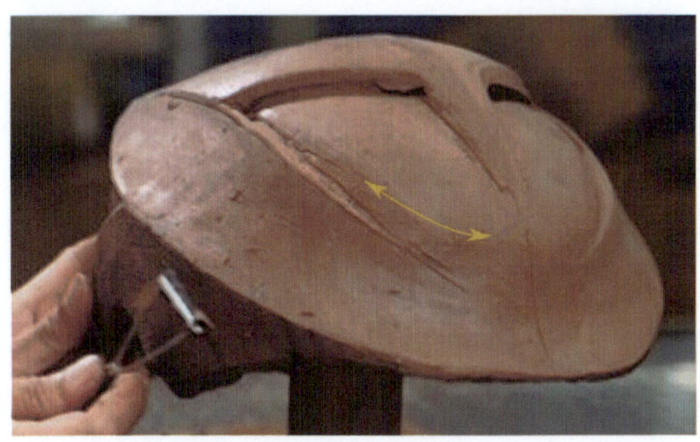

图 4-70　额头侧部与帽体关系 1

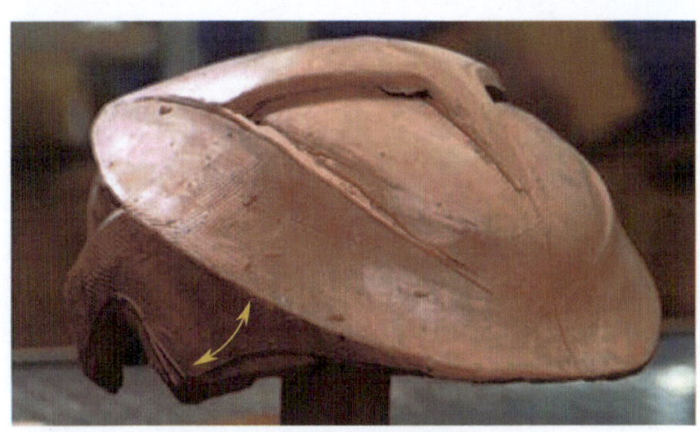

图 4-71　额头侧部与帽体关系 2

步骤 02 人机调整2细节

扫描二维码，跟随视频，学习人机调整2细节。

微课 4-9 人机调整 2 细节

1. 后帽部细节制作

如图4-72所示，在已顺化的构形基础上，我们需进一步精细化细节，尤其是后帽部的复杂结构。首要任务是削减那些不必要的镂空区域，以便为收尾折边留出足够的空间。至于是否真实贯穿这些镂空，则需根据结构的可行性来决定。诚然，真实的镂空有助于形态上的判断，但这也将增加工作量，并且可能削弱模型结构，因此在后续施工中必须加倍小心。

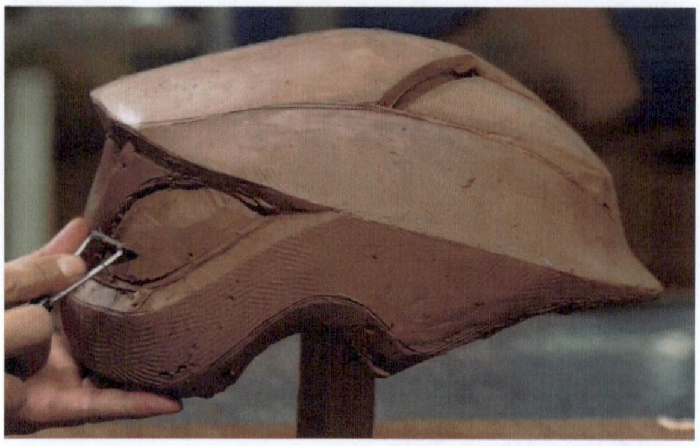

图 4-72 处理镂空区域

2. 进风口细节制作

进风口的破孔也是需要有模具终止面的细节，而且还需额外的符合空气动力的基本诉求。先制作一个必要的折面，以加强破孔周围的结构强度。

如同之前通气孔的制作流程，我们同样要对破孔相邻的折面做出相应的细节调整。有结构强度的造型截面，最好不要太尖，不然油泥会很难均质成形，而且折面小于90° 的话，塑料冷凝时会有内应力的产生。为了避免出模时变形，影响到产品成效，我们折面都以120° 的钝角来制作。

进风口边界刻画与制作如图4-73、图4-74所示。

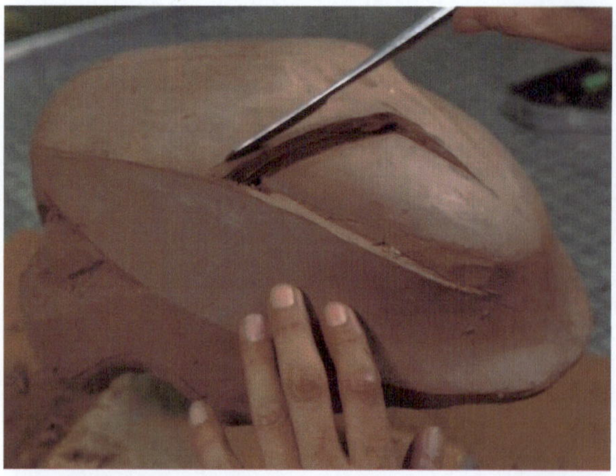

图 4-73 边界刻画

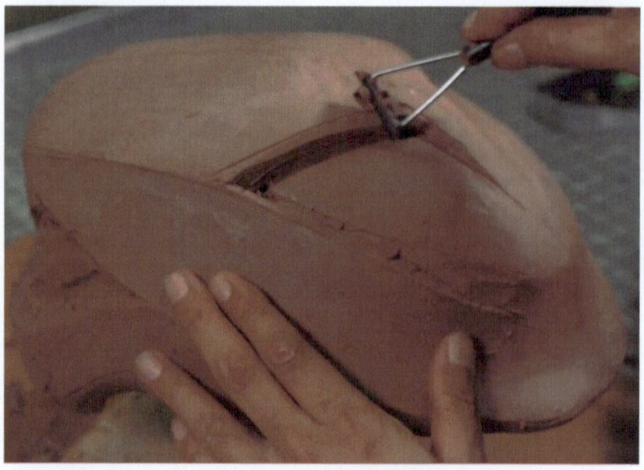

图 4-74 边界制作

3. 进风口构型优化

如图4–75所示，调整了折面的倾角后，我们从对向角度就可看出新的面与帽体交出了不流畅的线形。这时，我们需要不断地对比，从多个角度去修正面与线之间的形态。

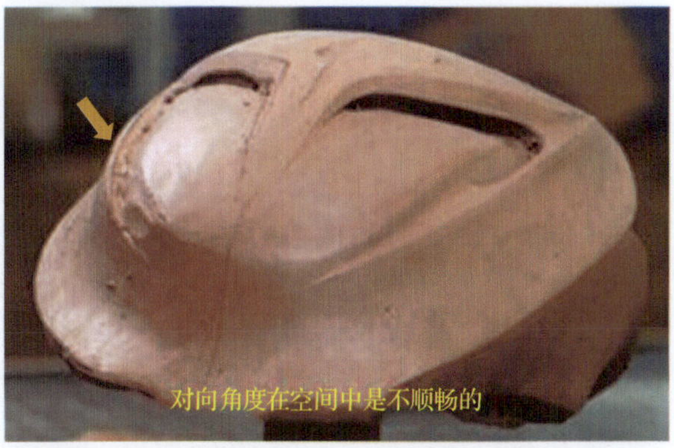

图4–75　线条不流畅

修整线条如图4–76所示。我们先在折面上描绘出顺畅的相交线，再把帽体压到正确的位置上，对向角度的型面调整到顺畅以后，我们再看模型的侧视面，又会发现侧视面上相交线又不顺了。

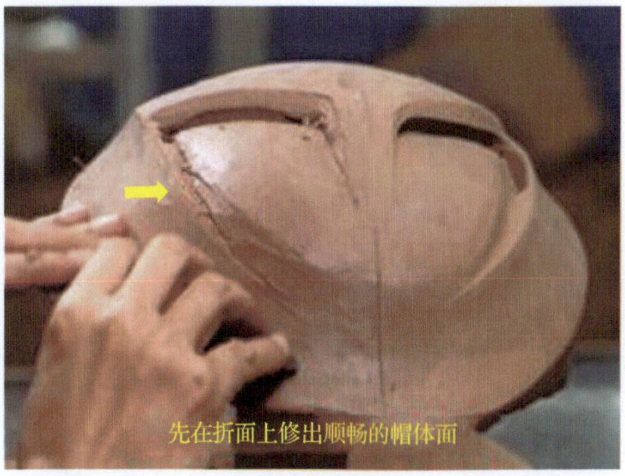

图4–76　修整线条

如图4–77所示，接着在侧视的帽体上重新描绘顺畅的棱线，再把折面做进一步的调整，自然就能得到想要的构形，棱线一定要建立在两个面修整正确的基础上再去调整。

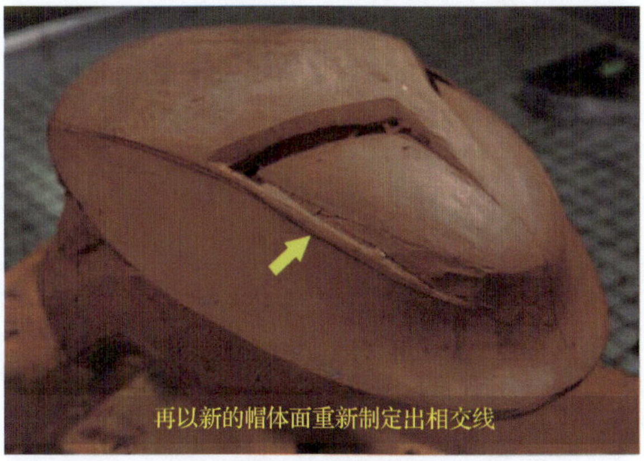

图4–77　重新制定相交线

4. 帽体衔接构型优化

经由两次的折面调整后，其实上帽盖及帽体已经没法再相交在原来绘制的位置上了，而且这样的形状在骑行时，会产生空气涡流，所以这里需要顺其自然地增加一个衔接的渐变过渡面，来串联两个构形，同时一并解决了三线共点的尴尬，通过两个构形支撑了帽体上的特征。

线条空间流畅刻画如图4-78所示。帽体调整效果如图4-79所示。

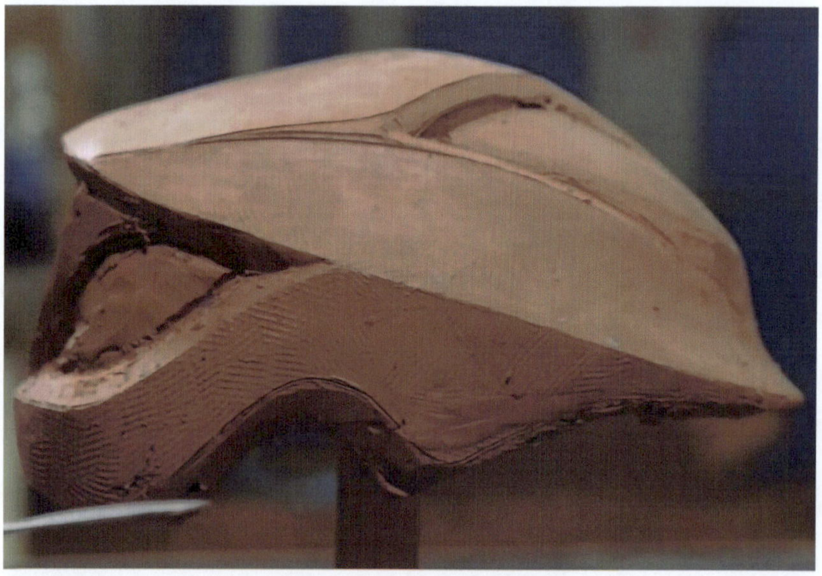

图4-78　线条空间流畅刻画

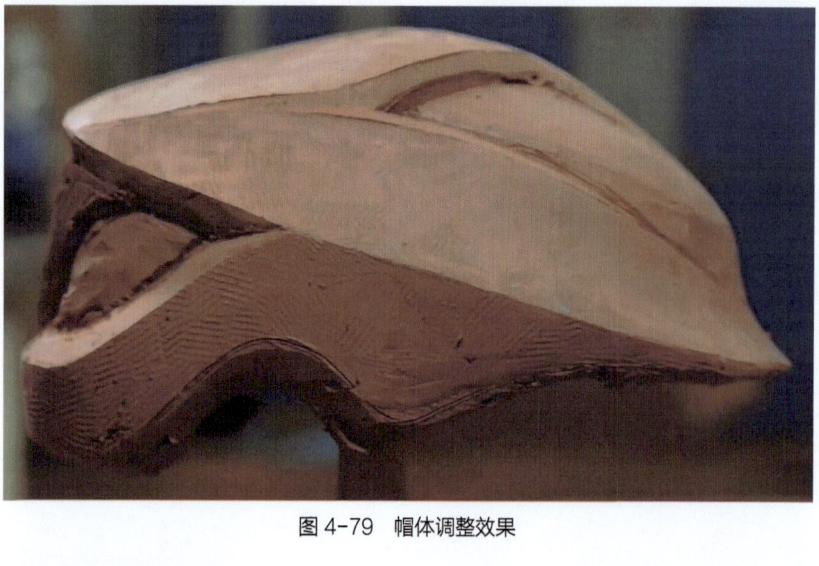

图4-79　帽体调整效果

步骤03 造型调整2表面细修

扫描二维码，跟随视频，学习造型调整2表面细修。

微课4-10 造型调整2表面细修

1. 后帽体构型优化

如图4-80所示，在继续调整过程中，后帽体与主轴线仍未达理想状态。通过借鉴进风口折面的调整技巧，我们将后帽体精确调整至预定位置。随着对调整手法的逐渐熟悉，操作也变得更加得心应手。接下来，我们采用渐变方式将上帽盖与侧帽体逐渐融合成连贯的曲面，而风口的折边则以单一曲面呈现，确保了整体线条的流畅性。此外，我们将桁梁内沉，使得后部帽檐与后脑护杠在后视效果上成为主体，如图4-81所示，即便存在镂空空间，也不会对整体造型的完整性造成影响。最后，我们进一步处理横梁与通风口折面的顺滑问题，以确保整体设计的和谐与统一。

图4-80 后帽体与主轴线调整

图4-81 调整后脑护杠

2. 后帽体视觉重量调整

采用视觉“瘦身”的技巧，来完成侧帽体的调整。先加大上下两个面的倾角，采用视觉面压缩的技巧完成一个等宽的带状结构制作，该造型能让人在视觉感知上营造轻盈纤细的收尾感，会使头盔的视觉重点集中在前帽体的构形上。

步骤 04 工程调整 2 细节制作

扫描二维码，跟随视频，学习工程调整2细节制作。

微课 4-11 工程调整 2 细节制作

1. 工程细节与曲面质量 1

产品表面质感与品质的呈现，是最需要细心精准制作的环节。最终的定案线条，一定要在精修完成的曲面上定义，才能保证曲面的质量。

如图4-82所示，使用矩形刮板精心修饰帽顶盖的曲面确保模型表面达到完美的单一曲面状态。随后，在已经修整好的顶盖面上，精确绘制进风口折面的相交线，通过标尺和型版的辅助来提高绘制的精确度。同时，明确界定折面的完整结构，包括拉伸面、过渡面和圆角面，确保每一个细节都刻划得清晰无误。

如图4-83所示，再用细修刮刀仔细地把每个面精准地修整出来。

2. 工程细节与曲面质量2

如图4-84所示，依照一样的施工要求顺序，把额头部与进风口折面相交的顶面细修完成。

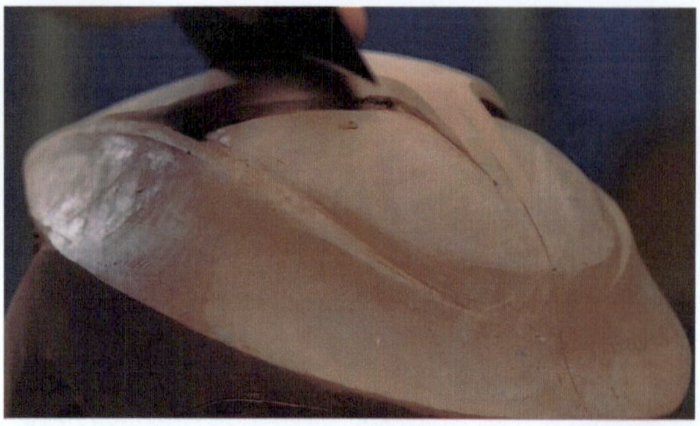

图 4-82 刮板精修

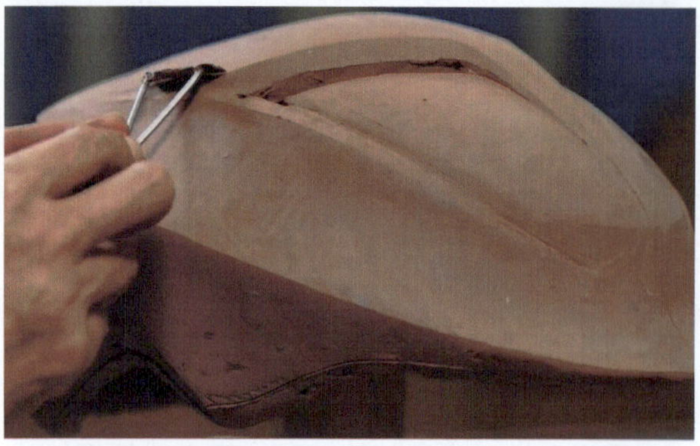

图 4-83 细修刮刀修整

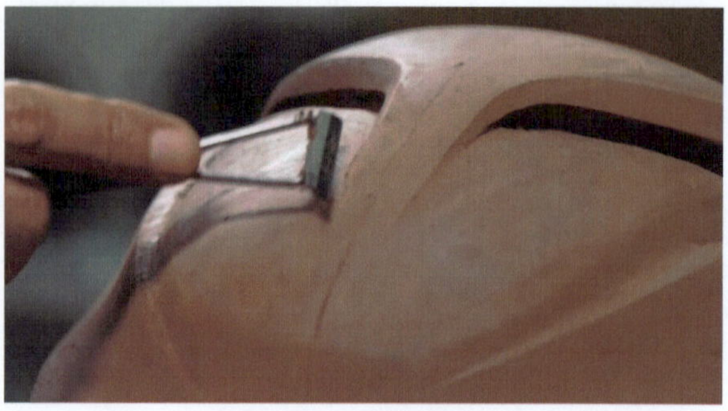

图 4-84 顶面细修

如图4-85所示，在处理相接处的造型变化时，采取渐变R角来施工，通过伴随基底面的分段加工，使用交叉反复的转刀技巧制作出顺畅的渐变R角。

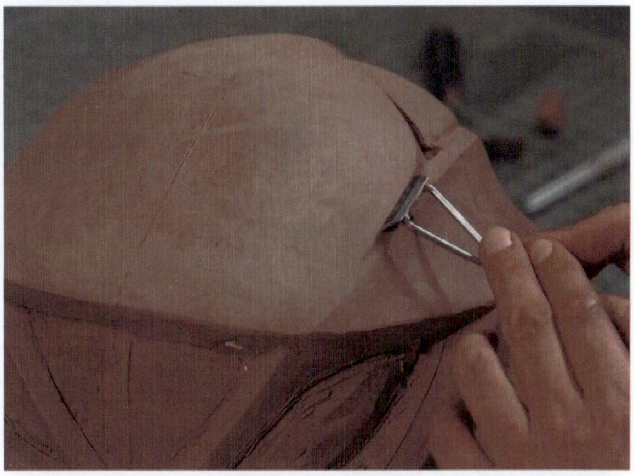
图4-85 R角处理

如图4-86所示，接下来处理质量问题，所有模型表面上显露出的杂质都要细心地剔除，要将所有的刺都挑掉，不然表面的杂质会不断地干扰模型质量。只有这样，才能调整出符合生产的高质量模型。

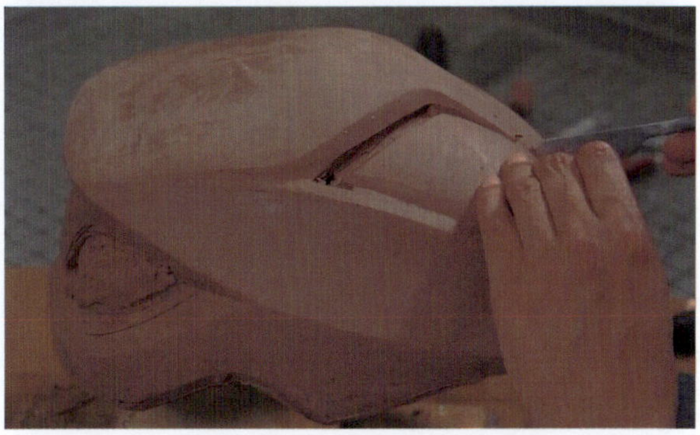
图4-86 剔除表面杂质

3. 工程细节与曲面质量3

如图4-87所示，定义模具边界，在进风口外侧采取环抱的收缩风道设计，帽体交线的收尾上为了强化主次关系，设定成渐渐消失而沉入帽额的构形之中。帽体折边与帽额构形的关系设定为顺滑的渐变圆角相接。

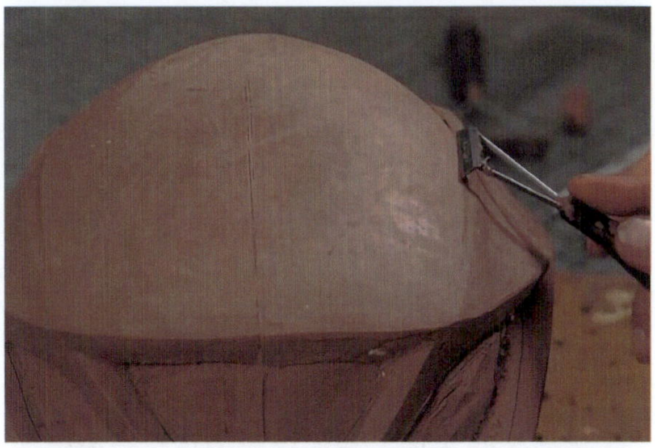
图4-87 帽檐转折处

4. 工程细节与曲面质量4

如图4-88所示，刻划完上下的孔洞边界后，就要把形状变化刻划出来了，因为已经是细微空间的施工，所以要善用各种专业的加工工具来制作模型细节，不管是三角刮刀还是各种形状尺寸的线刮刀，只要能利于施工，都可发挥其最大价值。帽顶部是向上拔模的工艺，所以进风口只能用内外模“靠破”（shut off）的方式生成。

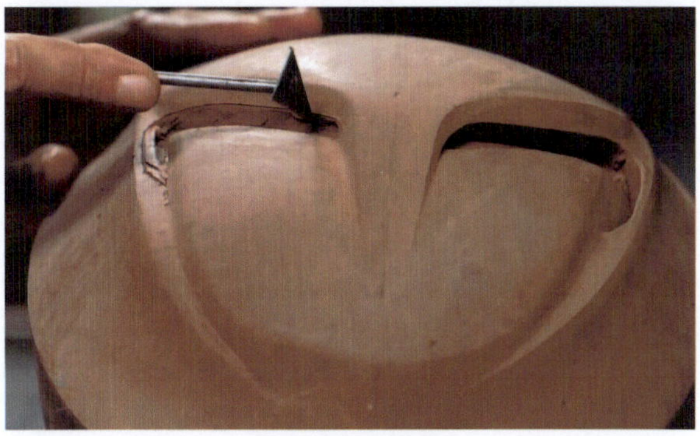
图4-88 制作孔洞

步骤 05 产品外观呈现

扫描二维码，跟随视频，学习产品外观呈现。

微课 4-12 产品外观呈现

1. 产品外观呈现 1

如图4-89所示，调整完上帽体的细节之后，便要处理帽体主轴棱线的造型收尾，整个椭圆形棱线在空间中的轨迹，是顺畅协调而且张力饱满的，后帽檐的三个主体面融合过渡到主轴上，所以面的曲率过渡一定要平缓，才有可能产生头尾相互连接的曲线。前帽檐因有撞击缓冲的需求，为避免破裂后形成过于尖锐的碎片，基本是以大圆角的收尾方式来达成，反曲面的做法恰恰与正曲面完全相反，先定义想要的棱线体量感，定义完成后，再依据棱线制作关系面。

图 4-89 帽檐收尾处理

2. 产品外观呈现 2

如图4-90所示，调整头盔主轴线上半部分面形的张力变化，调整到合格之后，再来处理下半部分的关系面，前帽檐是反曲面过渡到蛋形的侧视主面，最后又以散热口的平缓折面做收尾，为了能够协调过渡，势必要活用张力的走势变化。

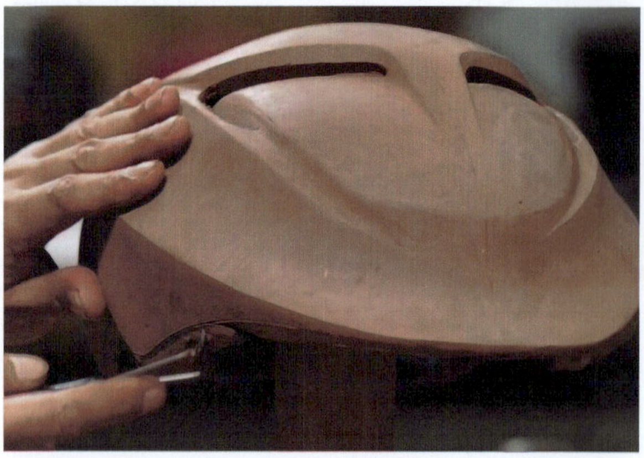

图 4-90 前帽檐修整

依序把相关的交集面，逐个修整到清晰完整。操作流程如下所示。

01　挑出杂质与孔隙（图4-91）

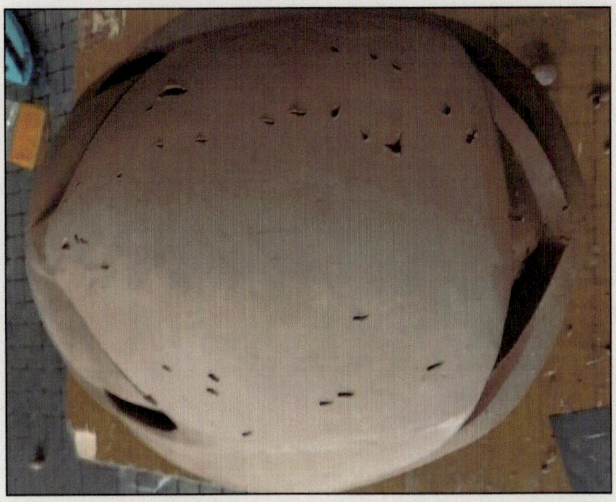

图4-91　挑出杂质与孔隙

02　以清洁的油泥填补与修复（图4-92）

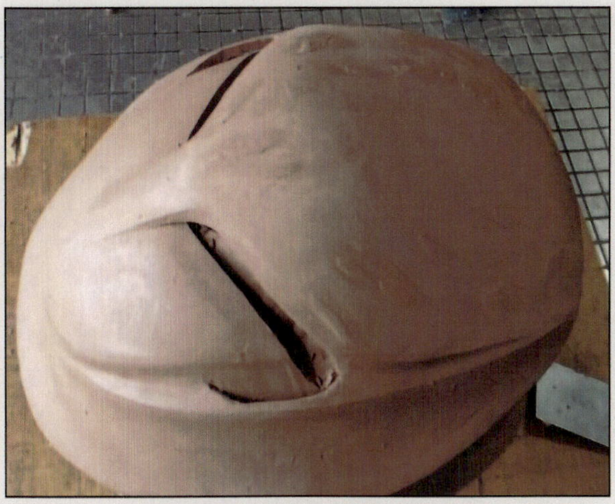

图4-92　填补与修复清洁油泥

03　用线胶制定帽顶盖的张力变化线（图4-93）

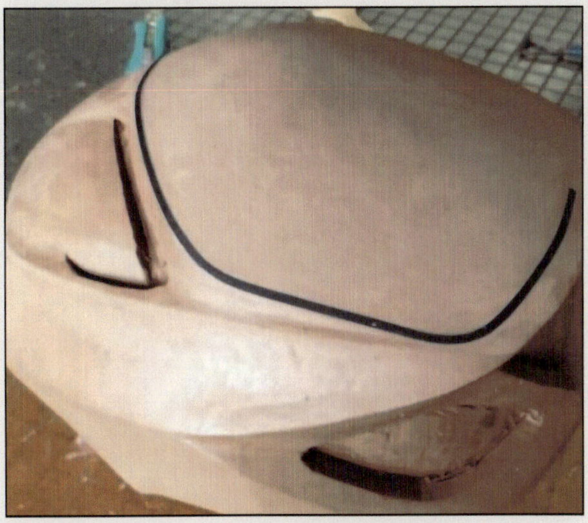

图4-93　线胶制定张力变化线

04　左右对称施工（图4-94）

图4-94　左右对称施工

05　修补上帽檐的瑕疵（图4-95）

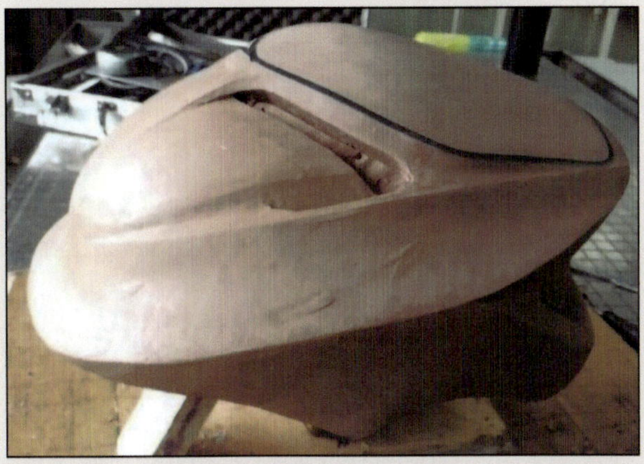

图4-95　修补瑕疵（上帽檐）

06　用线胶明确修整主轴及走势（图4-96）

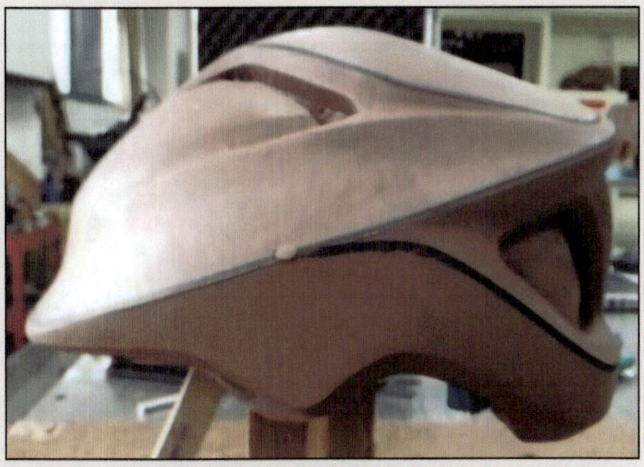

图4-96　线胶明确主轴及走势

07　精修主轴及后护棱线圆角（图4-97）

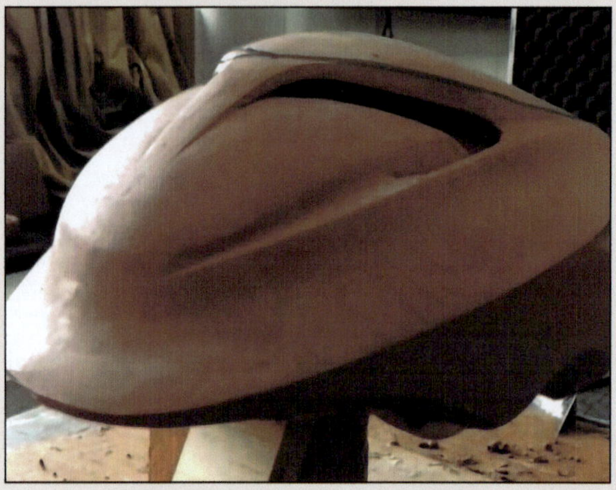

图4-97　精修主轴及后护棱线圆角

08　精修后帽檐（图4-98）

图4-98　后帽檐精修

09　对称精修帽额部与加强肋（图4-99）

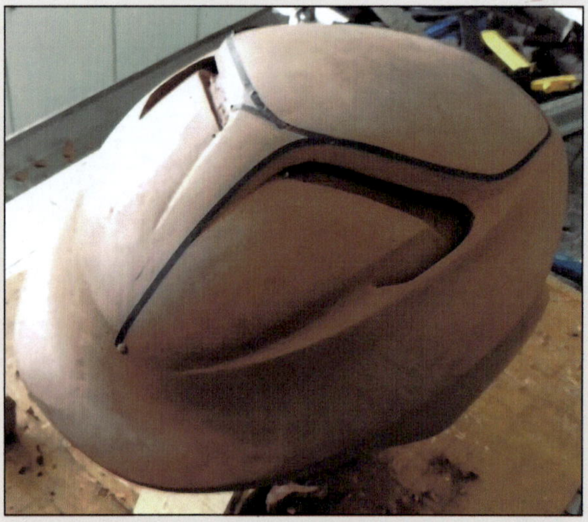

图4-99　对称精修帽额部与加强肋

10　精修帽体棱线及过渡细节（图4-100）

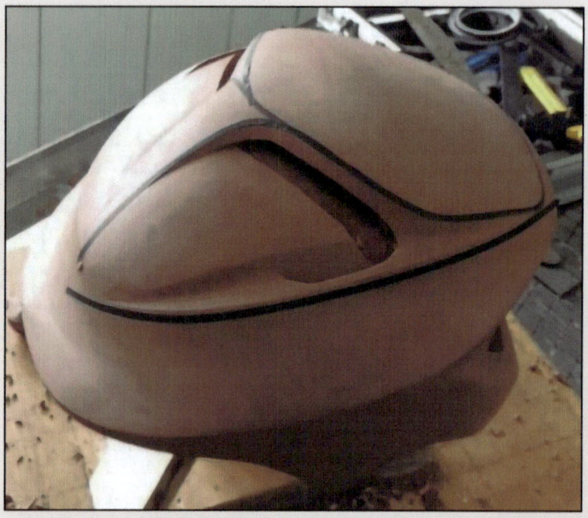

图4-100　精修帽体棱线及过渡细节

11　处理帽额部与折面区的过渡（图4-101）

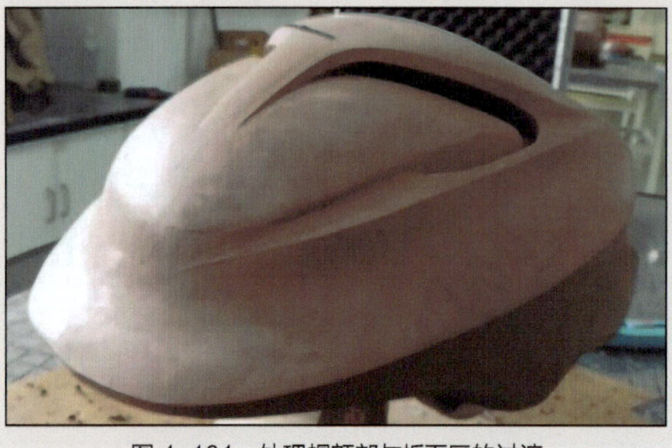

图4-101　处理帽额部与折面区的过渡

12　处理进风口下缘面的张力变化及走势（图4-102）

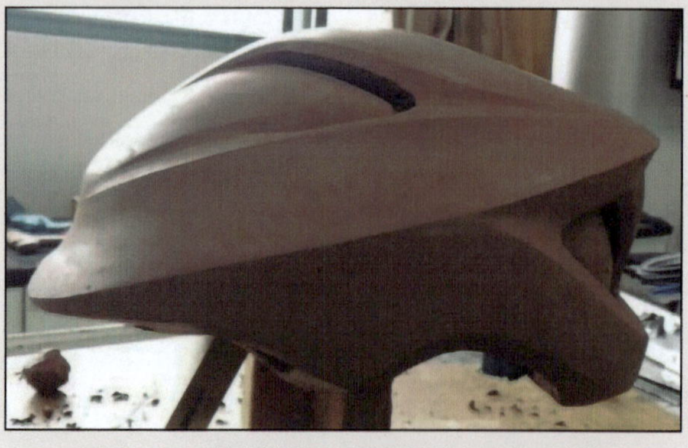

图4-102　处理进风口下缘面的张力变化及走势

13 调整横梁与后檐的形态关系（图4-103）

图4-103 调整横梁与后檐的形态关系

14 调整横梁与后檐的过渡关系（图4-104）

图4-104 调整横梁与后檐的过渡关系

15 制作通风口的模具终止面（图4-105）

图4-105 制作通风口的模具终止面

16 通风口对称与调整（图4-106）

图4-106 通风口对称与调整

17 上顶盖导流槽对称细修（图4-107）

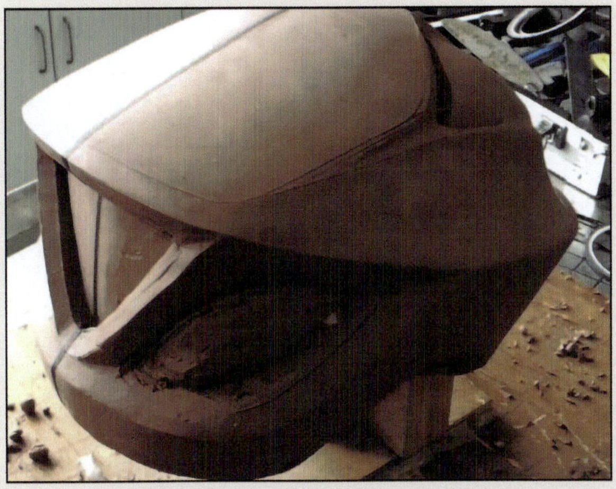

图4-107 上顶盖导流槽对称细修

18 横梁对称与细修（图4-108）

图4-108 横梁对称与细修

19　右侧部对称与细修（图4-109）

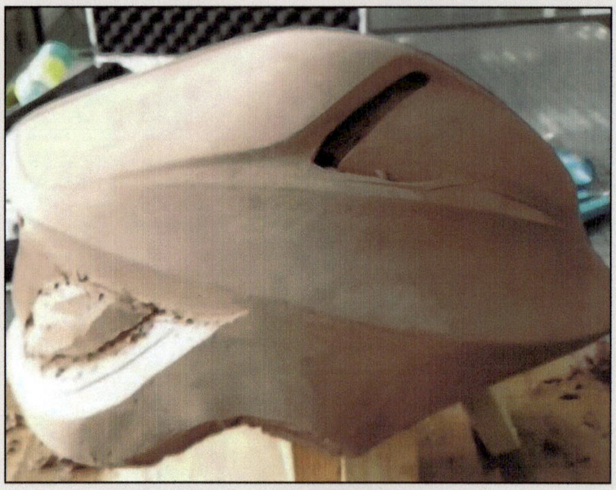

图4-109　右侧部对称与细修

20　通风口及后护杠对称与细修（图4-110）

图4-110　通风口及后护杠对称与细修

21　后帽体收尾处理（图4-111）

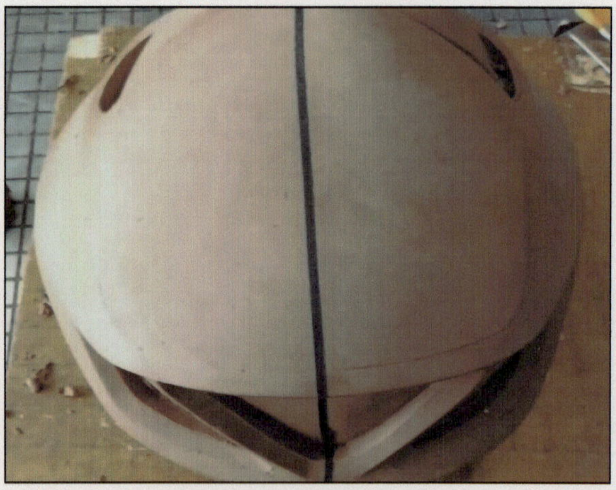

图4-111　后帽体收尾处理

22　帽体棱线对称与细修（图4-112）

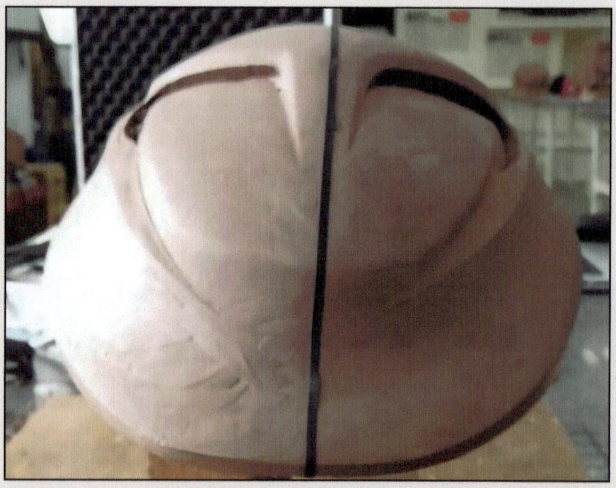

图4-112　帽体棱线对称与细修

23　前帽檐下缘对称与细修（图4-113）

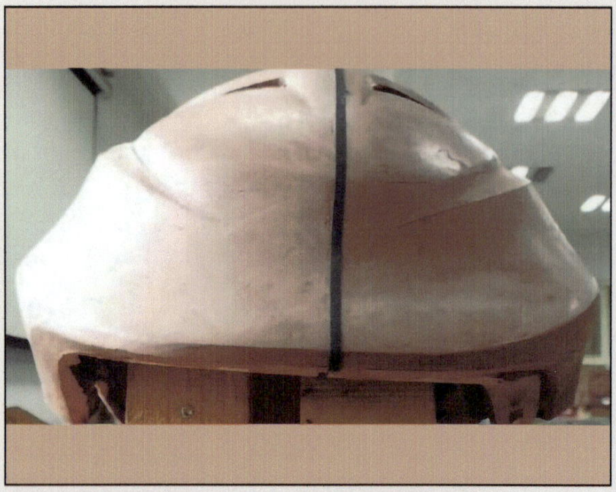

图4-113　前帽檐下缘对称与细修

24　进风口下缘面对称与细修（图4-114）

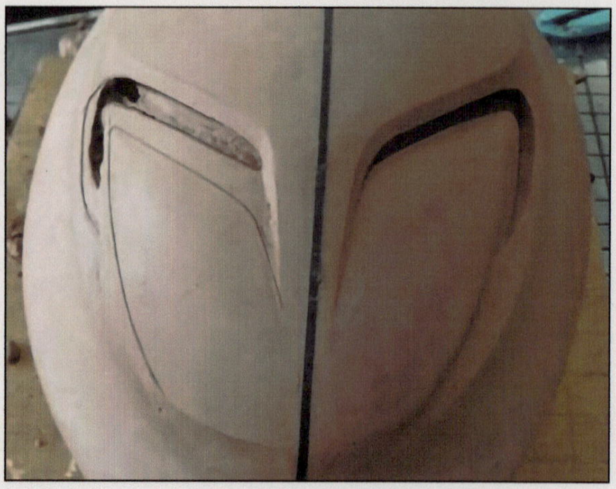

图4-114　进风口下缘面对称与细修

3. 最终模型呈现

最终模型呈现如图4-115~图4-120所示。

图4-115　模型呈现立体图

图4-116　模型呈现侧视图

图4-117　模型呈现后视图

图4-118　模型呈现俯视图1

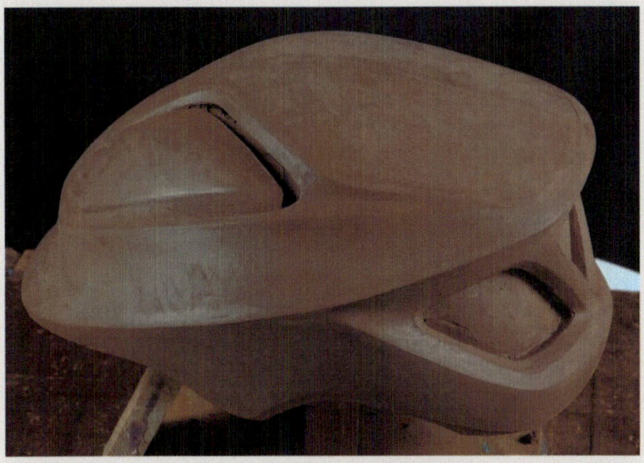

图4-119　模型呈现俯视图2

图4-120　模型呈现俯视图3

一线设计师访谈

序号	名称	二维码
访谈4-1	从企业层面分析受欢迎的头盔类型和设计要点，以及头盔设计的关注点	
访谈4-2	将未来科技融入头盔设计，分析结构设计要点	

高段

项目 5

汽车外观设计及模型制作

05

知识目标

- 理解汽车模型制作的基本流程。
- 掌握汽车模型比例、结构、线条制作方面的基本知识。

技能目标

- 能够独立完成汽车模型制作，包括车体轮廓塑造、细节雕刻、表面处理等。
- 掌握比例缩放技巧：能够根据实物汽车进行测量和计算，掌握比例缩放的原理和方法，以确保汽车模型的比例准确。
- 掌握细节处理技巧：能够对汽车模型进行表面处理，包括平滑表面、填补缝隙等，以提高模型的质感和美观度。

素质目标

- 培养团队合作精神：汽车模型制作往往需要小组合作完成，学生应学会在团队中发挥自己的优势，尊重他人意见，协同工作，培养团队合作精神和领导能力。
- 激发职业兴趣：通过汽车模型制作项目，可以更深入地了解汽车设计领域，激发对汽车设计的兴趣和热爱，为未来的职业发展打下基础。

项目引入

汽车造型开发蕴含着复杂的工程与美学原理。本项目以“从模型造型到定案冻结”为核心，深度融合车企内部设计流程、管理标准与国家政策，提供贴近实战、前瞻性的指导。学生将通过实际案例，体验从创意构思到实体模型塑造的全过程，掌握关键要点与实战技巧，深刻理解设计背后的逻辑与美学。

材料、设备和工具

项目材料、设备和工具清单见表5-1。

表5-1 材料、设备和工具清单

材料	设备	工具	配件
油泥（图5-1） 木板（用于制作模型骨架） PU泡沫板（用于制作内胚）	1台油泥烘箱（图5-2） 1个汽车实物（图5-3）	油泥刮刀刮板工具组1套（图5-4） 钢制修整刀1把（可多组共享） 钢尺、直角尺、水平划线仪、游标卡尺各1个（可多组共享） 割圆器、美工刀各1个 基本文具及绘制纸张等若干	3D打印所需的三维模型数据 3D打印的实体配件

图5-1 油泥

图5-2 油泥烘箱

图5-3 汽车实物

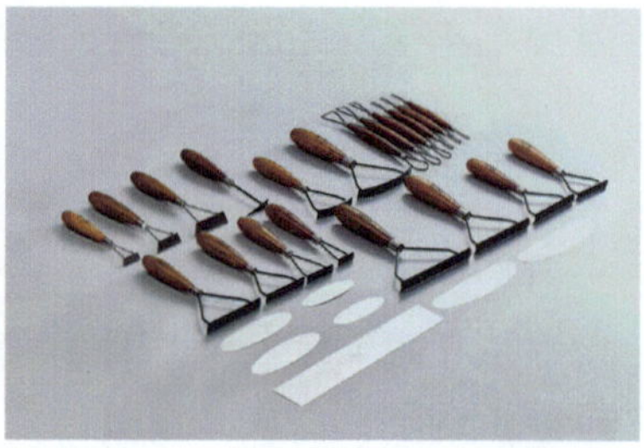

图5-4 油泥刮刀刮板工具组

任务 1
模型内部支架结构体制作

任务描述

如图5-5所示，使用木板材料，根据设计图样，逐步构建汽车的车身、底盘、发动机舱等主要结构体。确保结构体比例、线条流畅且符合设计要求。

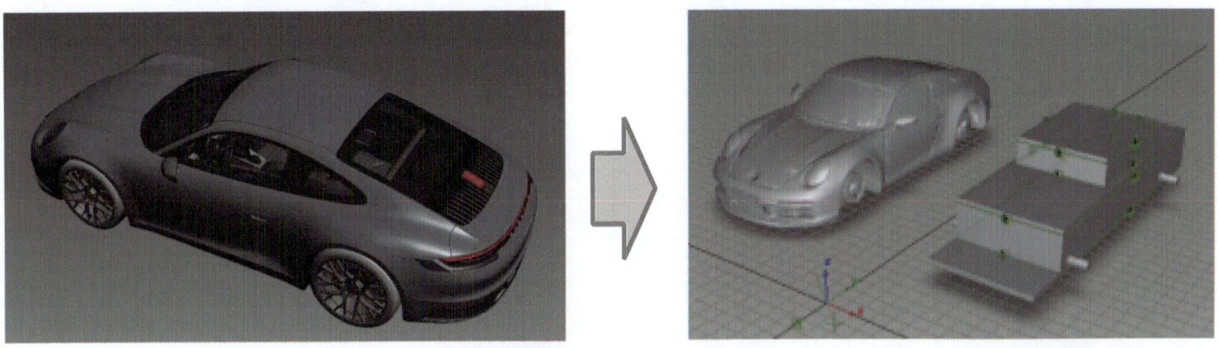

图 5-5　结构体制作

任务实施

模型内部支架结构体制作的实施流程如图5-6所示。

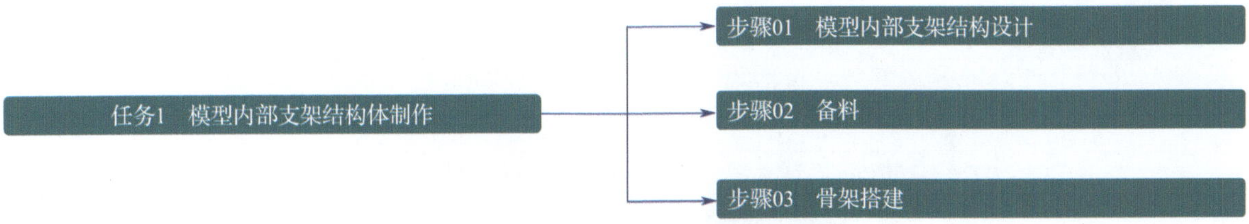

图 5-6　模型内部支架结构体制作的实施流程

步骤 01 模型内部支架结构设计

1. 数据导入与骨架设计

如图5–7所示，无论是通过软件构建的模型，还是扫描获得的点云数据，都能在计算机中精确模拟出实体形态。这些模型主要基于两种体系：NURBS曲面体系或由三角面组成的Polygon体系。NURBS（Non-Uniform Rational B–Splines）是一种用于计算机图形学中的数学模型，特别用于表示和设计复杂的曲线和曲面。Polygon指多边形，由三条或三条以上的线段首尾顺次连接所组成的平面图形。值得注意的是，扫描得到的OBJ格式文件，本质上仅包含大量点坐标，但导入系统后，后台会自动将这些点连接成三角形平面，从而构建出实体模型。因此，直接对这类模型进行编辑可能会导致较大的计算负担和性能损耗。

图5–7 导入数据模型

一旦车身的曲面模型构建完成，接下来的步骤是在此基础上设计并构建模型所需的内部骨架和泡沫内胚。全尺寸模型的重量可达两吨，其骨架通常由坚固的钢材搭建而成。随后，在钢架上铺设木板，并逐一粘接所需的泡沫块。之后，利用铣削机对泡沫进行精确切削，为后续的油泥敷设预留出10~15mm的涂敷厚度。完成切削后，可在模型表面进行油泥的敷设与加工，直至达到设计要求。

因为是小比例模型，骨架以木板搭建即可达到强度，同时表面油泥不需要太厚，3~5mm即可。如图5-8所示，骨架需支撑模型重量并承受施工时的操作力，所以为避免车头强度不足做了延伸托台，来支撑悬浮的泡沫，座舱也要有支撑。车身宽度方面，由于车身都是曲面所构成，故需考虑边角的地方。泡沫过薄会导致脱落，所以保险起见车身不会做得太宽。同时车轮也会直接与骨架相接，预先在数据中设定出轮轴，同时避开与骨架底板空间上的干涉。设计好后以料件编号抄录尺寸形状，方便加工制作。

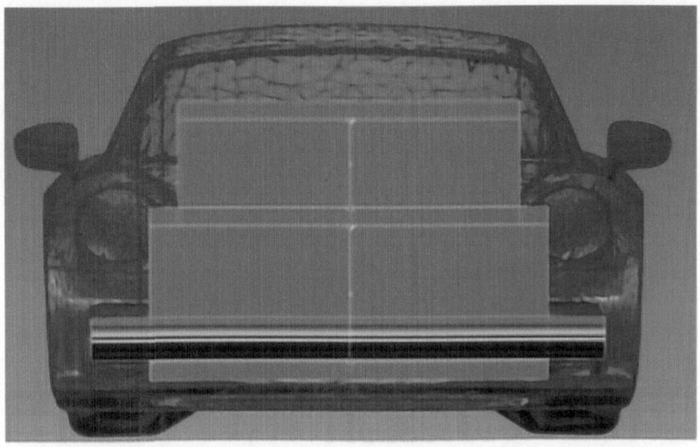

a）

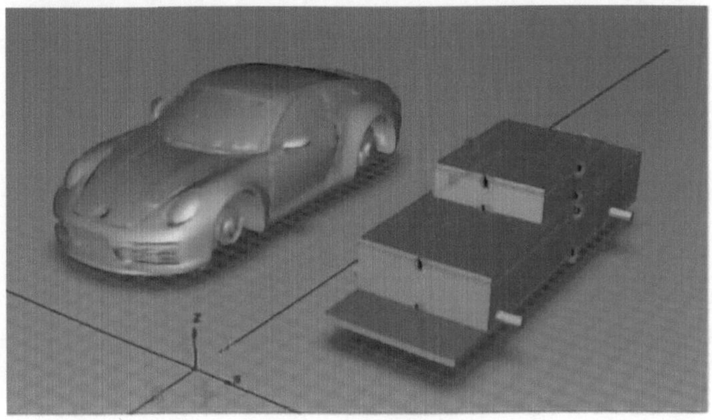

b）

图5-8　骨架设计

2. X/Y/Z三轴截面取点

如图5-9和图5-10所示，我们需获取模型制作时空间定位的关键信息，先在侧窗口上打上100mm间隔的网格线，抄录与中心线相交的数值后，完成描点。

由于是手作内胚，不可能像铣削机一般整体一次加工，故预先规划PU以100mm厚度为一道来逐步施工，在正视图、侧视图和顶视图上画网格线。抄录出来的各截面线数值就是切制PU块的依据。我们可在数据上先预推整个施工流程，并设定头尾的关键检测点，以供施工时校正。准备工作完成后，就可以计算木板及PU的制作使用量，并开始备料，方便模型制作。

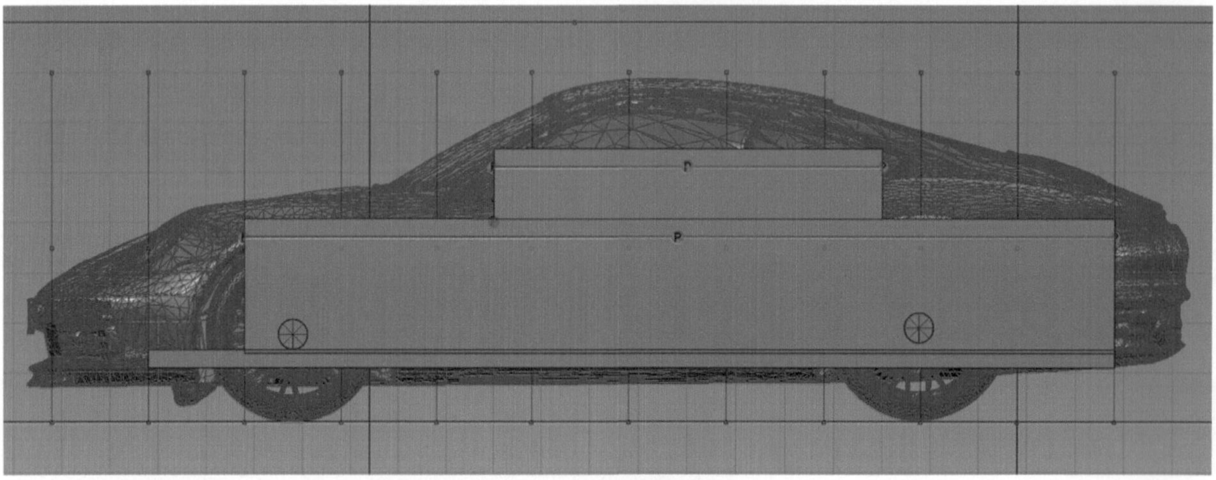

图5-9 三轴截面取点1

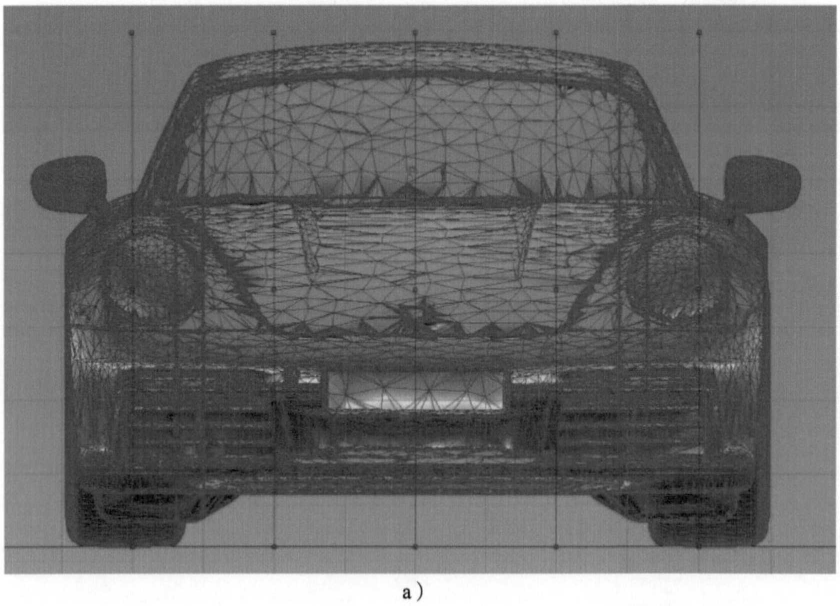

a）

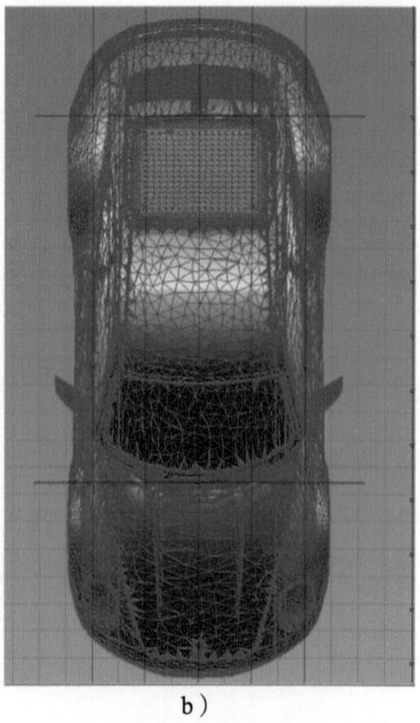

b）

图5-10 三轴截面取点2

3. 分件设定

油泥之所以在交通工具模型制作中广泛应用，是因为其重复切削堆栈的造型材料特性正好符合设计重复调整迭代的需求。最早的油泥是在第二次世界大战时期开发出来的，源自瞬息万变的战况对于军工产品快速改版的需要。例如，B-17空中堡垒在短短一年的时间就改版了四代半，一般流程根本跟不上进度。第二次世界大战后民用工业抬头，大力推广油泥。油泥之前的塑形材料为木材及石膏，因切削困难以及修改费时，故当油泥面世后就快速地被取代。当然技术换代也非易事，整个业界过渡了40年。

油泥对于曲面的推敲有非常好的适应性，但对于工整反复的造型却非常耗费时间，因此与硬质局部模型搭配是业界的常态化操作。目前三维激光打印技术的普及使成形及修改成本大幅下降，且精致美观。近年来各车厂都放弃其他硬质模型的搭配，改用树脂打印取代。此任务中部分造型也是使用3D打印的工件来呈现模型效果，因此需要在数据上先确定单独封件的区域及数量，如图5-11、图5-12所示。在与客户讨论需求及效果之后，明确打印件的范围及品质后，就可逆向建出工件数据了。

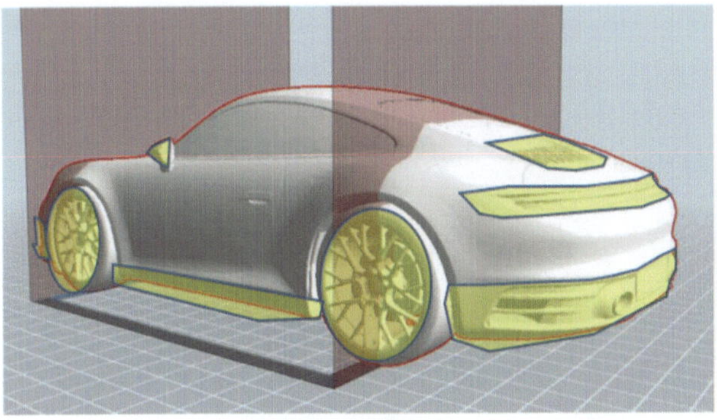

a）

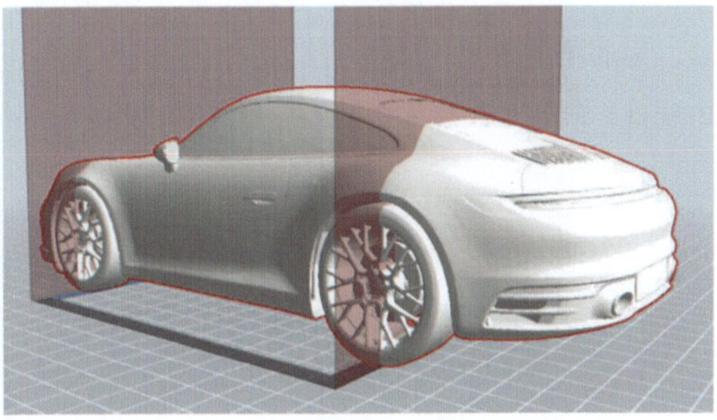

b）

图5-11　工件建模与加工

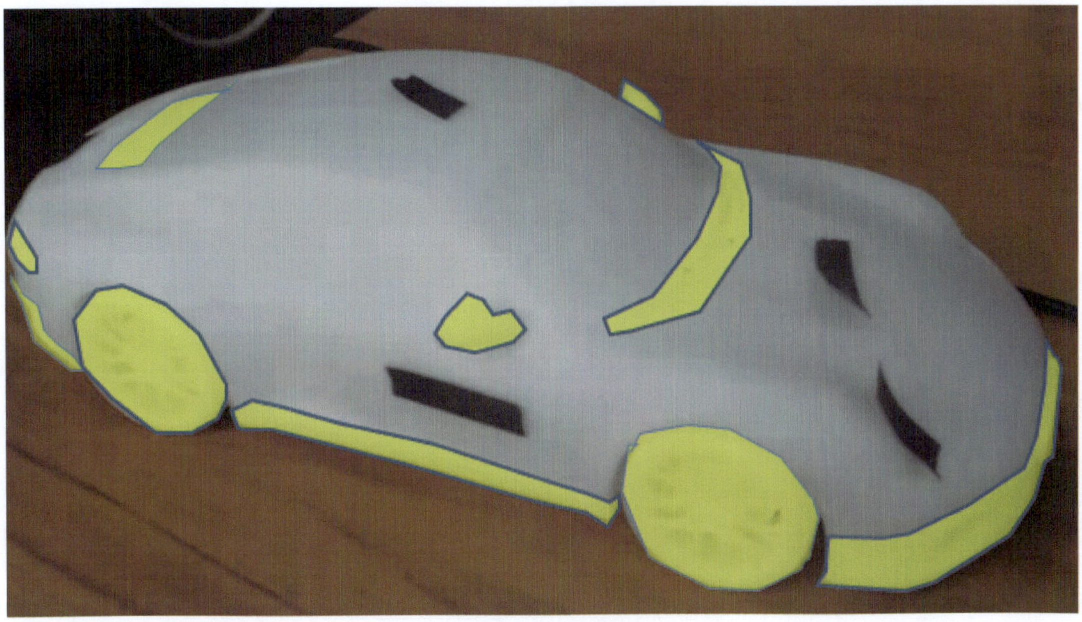

图5-12　分件示意图

4. 数模调整与修改

原车数据只能提供大概的轮廓及走势，以这样的精度打印出来的工件细致度不达标。所以要辅佐实车的细节照片，补充完善工件的细致度，如图5-13所示。至于内侧的结构就需要自行设计了。由于只制作可视范围的模拟模型，所以后面的结构达到示意的程度即可，不需要完全建出，以免造成组装困扰。

该环节要与精通3D打印的工程师做深入的交流沟通，因不同的拆件成型角度会影响工件的表面质量。例如，过于细长且单薄的结构将难以避免地发生变形扭曲，而分段拆件及补强结构可很好地避免成型失误。在与工程师详细讨论后，包含前后气坝、雨刷槽等薄片式工件，都以分段拼接的方式打印成型，后期处理时再拼接为一个整体。

图5-13　数模调整与修改

5. 工件数据确认与清点

如图5-14所示，全尺寸造型在开发阶段，外观的硬模件数就达数十件，内装细碎零件更是多达百件。工件数量的清点与统计追踪是最重要的工作，这种失漏在真实状况很容易失误。所以经手人要非常熟悉零件编号及修改批次，不然很容易造成货不对版、少件颠倒的情况。所有工件修改定案后，一定要在全车数模上做清点查验，模拟组装一次。确认组装工艺及分件质量都合格后，才能交付打印。这些烦琐的确认与清点是目前汽车模型制作失误的高发区，原因在于经手人多导致信息遗漏。所以，要先养成清点查核的习惯，才不会在真实情况中手足无措。

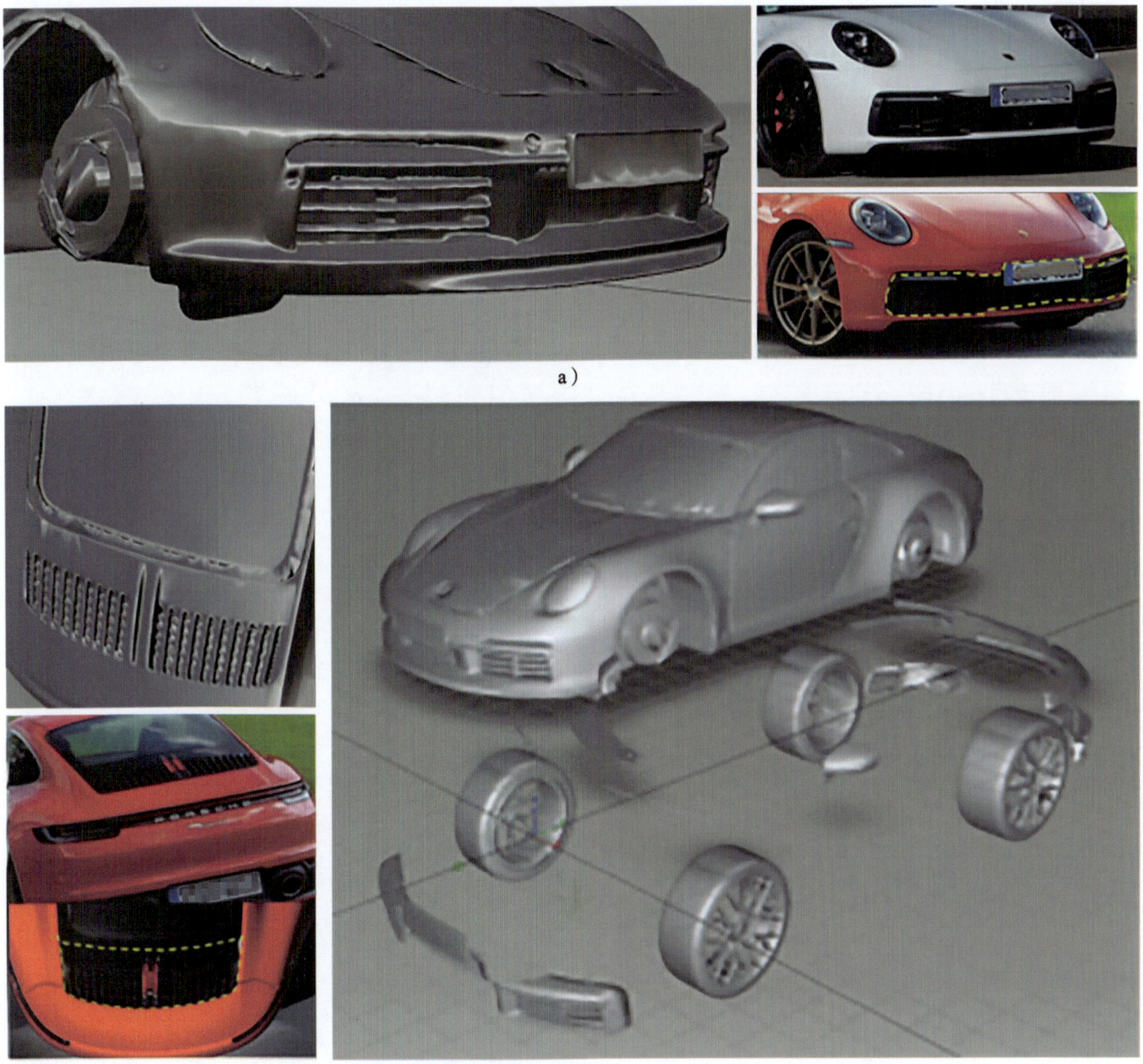

a）

b）　　　　c）

图5-14　工件数据确认与清点

步骤02 备料

1. 工具准备与展料

如图5-15所示，制作模型前，须清点与备齐每个工段所需的工具及耗材，以免漏算少料的情况发生。个人及环境防护装备依生产场地情况与工作量差异准备，如在密闭生产场地，高工作量的情况下要备有除尘设备、个人口罩、护目镜等。使用工具需检测工具与耗材是否匹配，工具是否能够良好运行。

图5-15 工具准备

备料时要包含施工失误时的裕量。安全起见，裕量至少为所需材料的20%~50%，宁愿多备而不用。

如图5-16所示，以骨架设计的尺寸裁切相应的木板。为避免施工误差，每块料板须标注中心线及料号，避免遗漏误用，如图5-17所示。

图5-16 设计尺寸及切割

完成展料如图5-18所示。

图5-17 中心线及料号的标注

胶合板是木料纤维加胶层叠压制成的板材，故以木工手锯切割最为适合。注意：切锯胶合板时，料板要完整准确，避免损耗量带来的误差。

木工施工时要注意用刀方向及使用技巧，避免工伤事件。

图5-18 完成展料

2. 砂砖的制作

如图5-19所示，木板、泡沫都需精准地打磨直到符合标准，故砂纸也是必不可少的工具。因砂纸无法形成有效的研磨平面，所以须贴附在芯材上，才能得心应手地使用。

砂砖的制作如图5-19~图5-23所示。先用裁剩的木板制作砂砖芯材，宽度以手掌能精准握持为限，木板长度约80mm，以砂纸长度为限。

用双面胶将芯材四面贴满，接着撕掉双面胶表面油纸，将砂纸平贴于芯材面上，不要有气泡皱褶，以免研磨平面失真。

接着在木板上依序贴附其他三个面，转角贴附越挺越优，也可选一、二角加工成不同圆角后贴附砂纸。贴附一周后，齐边裁除多余的砂纸，打磨用的砂砖便制作完成。

图5-19　砂砖制作1

图5-20　砂砖制作2

a)　　b)

图5-21　砂砖制作3

图5-22　砂砖制作4

图5-23　砂砖制作5

根据不同形状需求，可制作其他尺寸的砂砖，贴附不同号数砂纸，粗、细打磨时分段使用。精准的打磨工具才能有效精确地塑形，其他形状如弧状、棒状，同学们可根据需求自行开发。

步骤 03 骨架搭建

1. 座舱骨架的搭建

如图5-24所示，搭建座舱骨架前将所需板料的边缘打磨平整且四面垂直，以免组立时歪斜或尺寸偏差。用砂砖打磨平面，消除木材的毛刺及加工锯路的不平整之处。有欠缺没事，但不可突出，影响组装精度。

图5-24 打磨板料

如图5-25、图5-26所示，在每层托板上标记出板材的搭接区域，确认适合的锁固点，用电钻打孔。

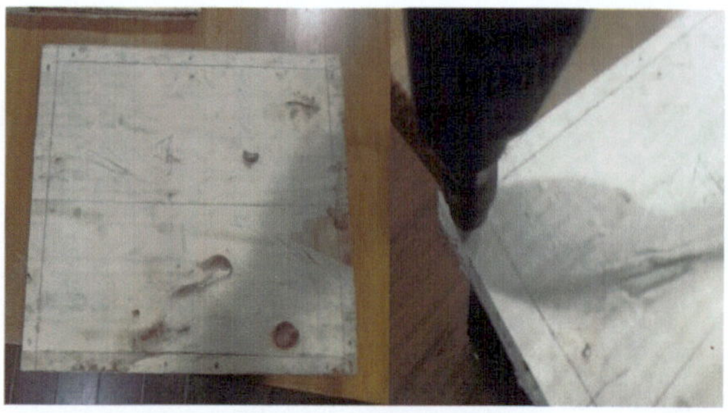

图5-25 画线及打孔

如图5-27所示，锁合搭接时，被锁物尚需加工，通孔的直径需大于螺牙，以方便螺钉通过。锁合物的加工，通孔直径小于螺钉轴芯，方便攻牙。

例如，常用的螺钉为2.5mm，通孔为2.8mm，太大则影响组装精度；导孔为2mm，以方便攻牙时自力导正。

图5-26 投影出座舱搭接区域并打孔

通孔需完全贯穿，导孔只是起到引导的作用，大约三牙以上深度即可发挥功能，螺钉要有自攻性，能起到定心作用。

接着再用螺丝刀锁合组装。锁合时需施加足够的正向压力以攻出螺牙，木材大约需要30牛/米的压力。

图5-27 锁合搭接

如图5-28所示，固定车身板与座舱骨架。同样使用螺钉固定，孔位须安排在木板的中心，以免脱牙及歪斜。

图5-28 固定车身板与座舱骨架

2. 车身骨架的搭建

骨架与外观可视的叠合点是轮距及轴距，其他部分都被泡沫及油泥所遮挡，因此要标出叠合点，以免后续错位。

如图5-29所示，轴距是前后轮轴中心相距长度；轮距是前、后轮相距长度。因前后轮胎大小不一，故前、后轮距也有差异。

因为模型有展示需求，故展台上的金属棒支撑架藏于四个轮胎的内侧。

如图5-30所示，在组装车体骨架前需先在底板上预埋金属棒的锁固螺帽，在轮轴内侧20mm处钻出通孔，以定位螺帽。

接着以螺丝穿过顶面，以大垫片分散螺钉受力面，接着锁紧螺钉，将螺帽以力矩稳定地嵌入木板之中。

如图5-31所示，待螺帽完全沉入木板后，拆除螺钉及垫片，接着用树脂填充螺帽与木板间的空隙，以免螺帽松动脱落。

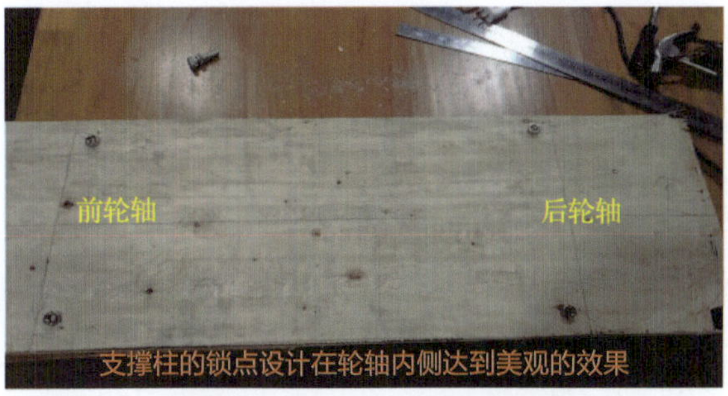

图5-29 标记前后车轮叠合点

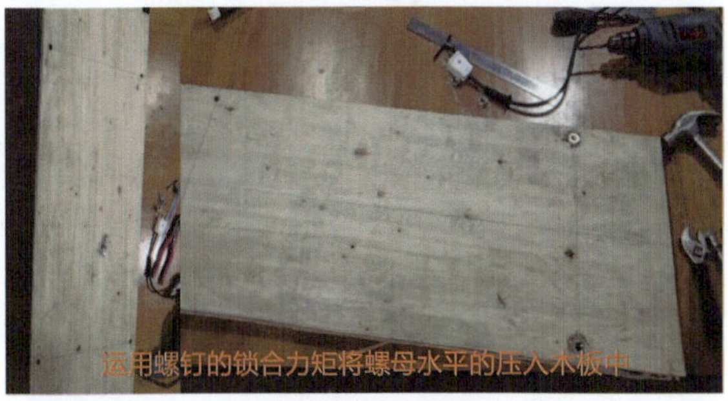

图5-30 预埋螺帽

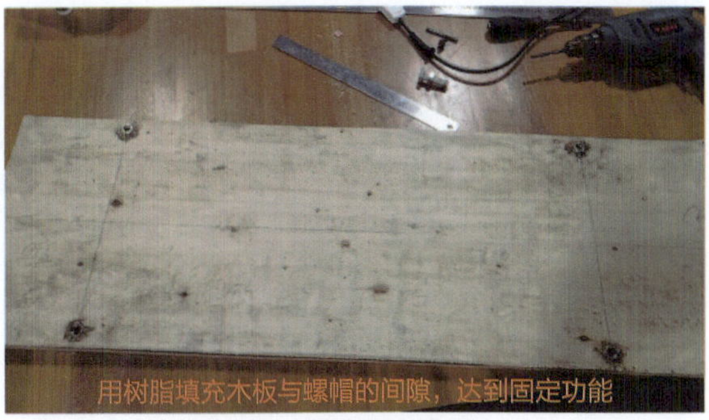

图5-31 螺帽面需与木板齐平

锁固车身支撑板，补强座舱投影区结构，如图5–32所示。锁固车身底板，完成车身骨架的搭建，如图5–33所示。

骨架需设计泡沫及油泥的有效承重面，不然有剥离脱落的风险，需区分X/Y/Z三个轴向来设计。

Z轴因为离地无法借力，故侧边车体采用支架设计，使泡沫能嵌入骨架中形成有效的依托结构。

图5-32 锁固车身支撑板

图5-33 锁固车身底板

3. 制作支撑脚座

人们通过车身与地面的距离判断车型的高矮。在整个塑形过程中设计地平面能够反映模型的环境比例，这也是造型设计不可缺少的环节。

如图5-34所示，设计脚座时，须考虑造型施工的稳固性，故采取侧面、正面、上面都能提供稳定支撑的T型结构。

如图5-35所示，因脚座只是施工期间与搬运时的暂时结构，故以双面胶结合即可，如后期制作的模型需要展示，则要拆除脚座改换金属支架。

如图5-36所示，整体骨架完成后须检测施工误差，避免搭建时公差堆栈导致的失真。以激光水平仪检测整体骨架铅垂及水平度。如发生偏移，需标注上可信赖的新线并废弃原先板材上的标注，以免后续施工误判。

图5-34　制作支撑脚座

图5-35　安装支撑脚座

图5-36　水平仪矫正误差

任务 2
PU 内胚制作

任务描述

使用PU材料，根据模型内部支架结构体制作出汽车的内胚。本任务需确保内胚的强度和稳定性，以便后续的精细制作。

任务实施

PU 内胚制作的实施流程如图 5-37 所示。

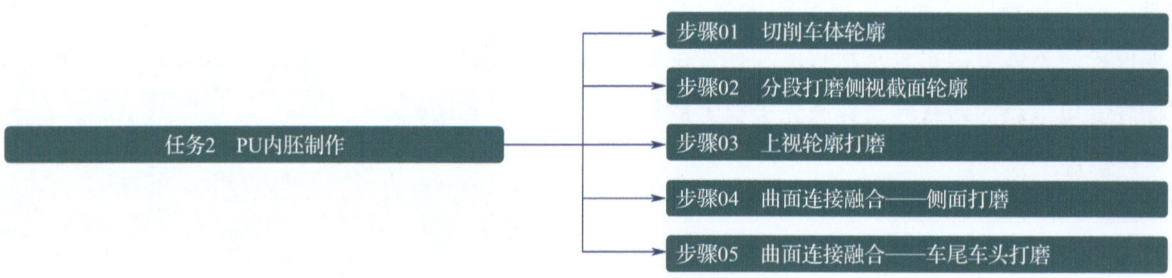

图 5-37　PU 内胚制作的实施流程

步骤 01 切削车体轮廓

扫描二维码，跟随视频，学习切削车体轮廓。

微课 5-1 切削车体轮廓 + 分段打磨侧视截面轮廓

图 5-38 复制侧视轮廓

1. 座舱横截面制作

整体以雕刻的方式制作PU模型是不现实的，没有参考点的情况下进行塑形，会因偏差累加而无法补正。

因此，根据侧视图，采用分段的方式，由下而下地复制轮廓。

如图5-38、图5-39所示，根据模型大小，以100mm为网格，每隔100mm描点，将轮廓修整至准确。这样通过剖面线即能塑形。

图 5-39 每隔 100mm 描点

如图5-40所示，首先制作中心截面，由高往低制作可避免误差累加，故以车顶为PU模型的起始点。先将PU块裁切成100mm厚的板材，再用热熔胶粘在骨架上，粘贴时要用角尺辅助，确保PU块完全垂直。

接着将网格线投影到PU块上，依序标示出轮廓线与网格线的交点后，连接交点，绘制出剖面轮廓线，如线形变化较多，可追加交点。

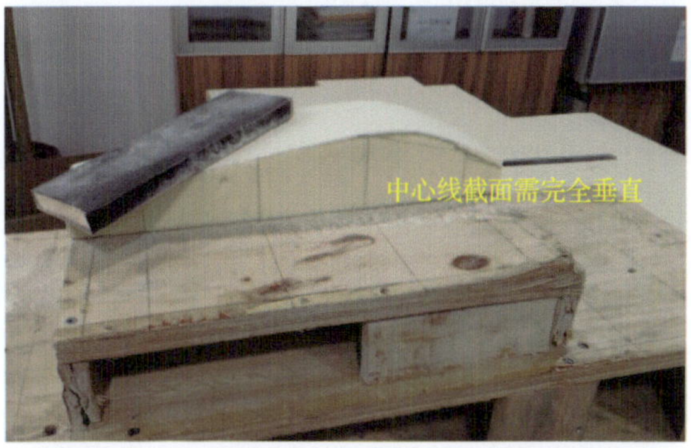

图 5-40 先用锯条切割出轮廓，后用砂砖打磨平顺

完成剖面轮廓线后切削PU多余部分。先用锯条放3mm的余量，切除大块区间，再以砂砖顺化截面曲面，如图5-40所示。打磨时需做到截面与侧面垂直，且线形准确，以利后续转为空间曲面时使用勾股定理定位所需的测量点。

如图5-41所示，在打磨过程中被磨掉的网格线需要实时补上。制作完成后继续制作后挡轮廓的PU，两PU间须打磨至紧密无缝。

图 5-41 补画定位用的 100mm 投影线

如有空隙将会在后续塑形打磨时形成空洞区，徒增返工程序。制作后挡截面时，依同样做法投影上轮廓线后切除打磨到位，如图5-42和图5-43所示。PU块紧贴骨架的立面，可轻松施工，且形成稳固的贴附结构，方便下一块PU的定位。

图5-42　制作后挡截面1

图5-43　制作后挡截面2

2. 车尾横截面制作

车尾的PU，因空间局限，无法设计托台，故在粘贴时要注意牢靠度，以免塑形时脱落松动。首先要打磨平整车尾的支架与PU块粘贴区域，然后用热熔胶将PU块粘贴到支架上，按压PU块直至热熔胶凝固，如图5-44所示。同时，以激光水平仪辅助保证垂直度。因车尾断面综合诸多几何元素，故需放细到10mm一个交点，以数据软件辅助，仔细精确地绘制出车尾的轮廓线。

图5-44　打磨车尾支架并粘贴PU块

由于形状复杂，切削工作需要分段来执行避免失误，由大到小地逐步切削打磨出车尾轮廓。

设定数据软件的网格线为10mm，精确绘制出车尾截面，如图5-45所示。

如图5-46所示，在分段切削时，用激光水平仪辅助，精确地确定出每刀所落的范围，接着以砂纸打磨出轮廓细节。只要细心拆解后施工，再复杂的形状都能精准制作完成。车尾细节表现如图5-47所示。

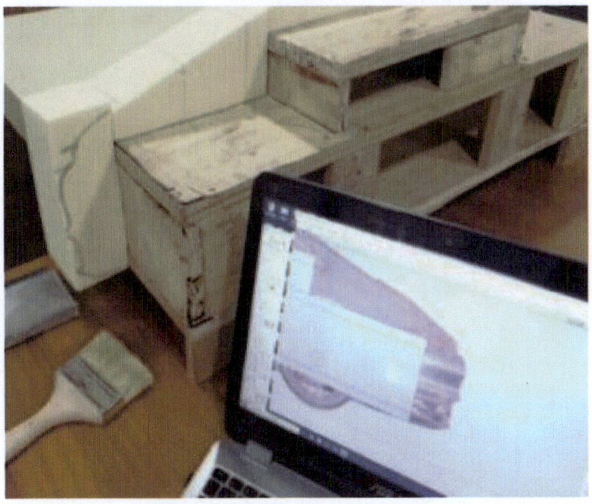

图5-45 精确绘制出车尾截面

图5-46 利用激光水平仪显示参考线

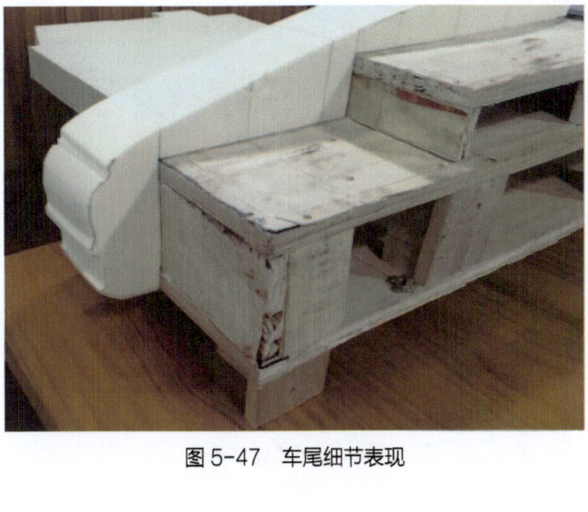

图5-47 车尾细节表现

3. 车头横截面制作

有了前两个工段的经验，再来制作车头截面就轻松很多了。用PU块制作前挡与发动机盖的截面，如图5-48所示。

由于车头前弦较长，骨架做了托台的设计，避免油泥过重而出现模型断裂的风险。由于车头前铲很低，车头横截面需要增加PU材料，如图5-49所示。PU要留些余量避免打磨时形状缺失。

如图5-50所示，车前脸的截面与车尾一样，一般放到10mm网格中绘制交点连线，再补出细节上的关键点。

如图5-51所示，分段加工后，就可简单地完成整个车头的中心线截面，由于是模型的中央基准，一定要非常精确。

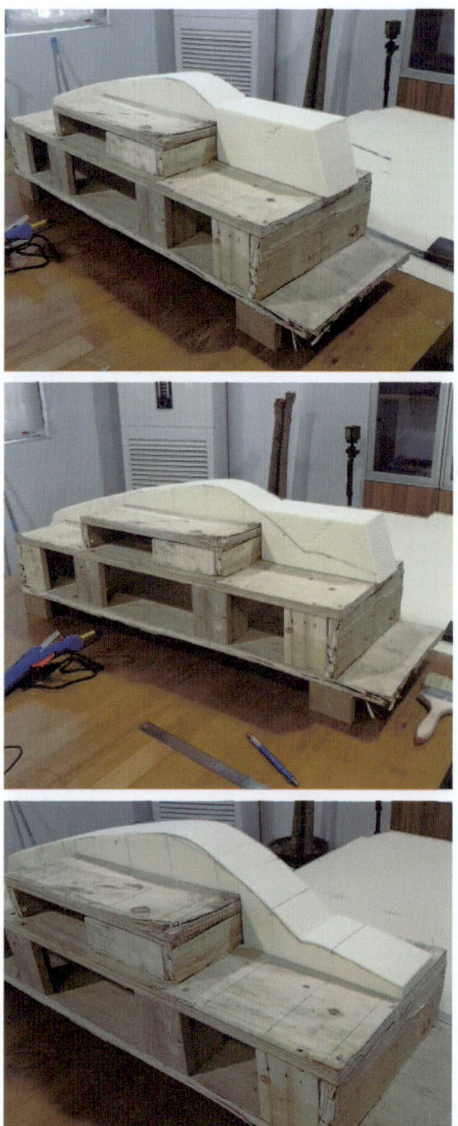

图5-48 制作前挡与发动机盖的截面

图5-49 车头横截面增加PU材料

图5-50 车头横截面绘制

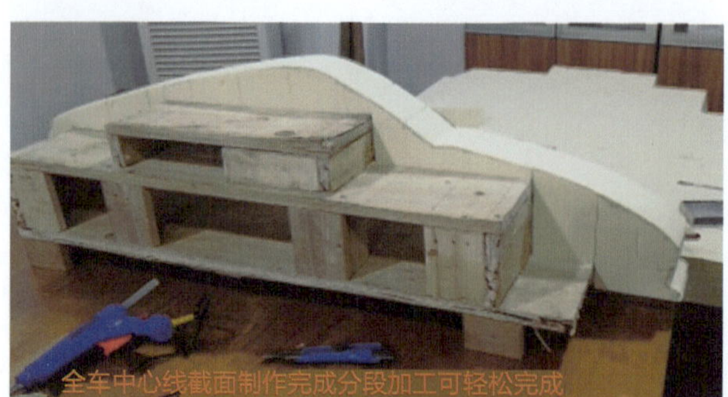

图5-51 全车中心线截面制作完成

步骤 02 分段打磨侧视截面轮廓

扫描二维码“微课5-1”，跟随视频，学习分段打磨侧视截面轮廓。

以中心线轮廓为依据，用PU制作第二道模截面，在模型数据上切出骨架的关键侧视截面，如图5-52所示。

由于PU是减法的材料，只能先堆栈，确定其极限尺寸，待参考点补齐后，才能确定边界，塑造曲面。在PU的外侧描绘出第二道截面的轮廓线，PU块如果涵盖车顶的边界线与上半部分车窗，就可以切削PU塑造车顶曲面了，并将PU块用热熔胶粘贴在结构体上，如图5-53所示。

由于车灯造型复杂，制作第二道PU块时先忽略车灯造型，如图5-54所示。

把上视图投影到模型顶部的PU上，绘制曲面的变化区域，再把前视图投影到模型上绘制车顶的弧度变化，打磨车顶曲面。完成后先打磨出车窗玻璃的倾角，以免形态的误判。

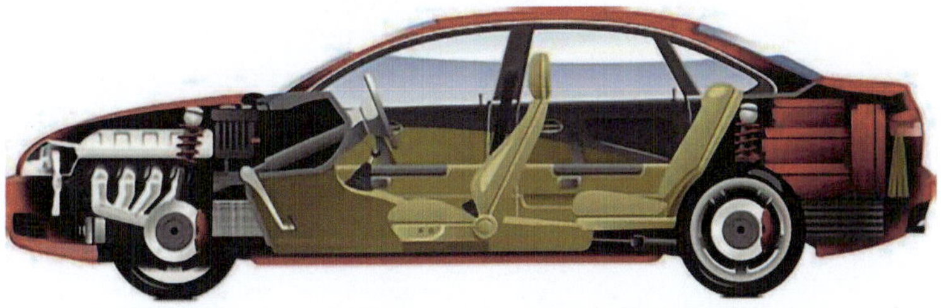

图5-52　先在数据上切出骨架的关键侧视截面

图5-53　以侧视投影截面为基准切削 PU 并粘贴在结构体上

图5-54　用侧视截面制作第二道 PU 块（车灯造型先忽略）

如图5-55所示，利用上视图、前视图交叠投影即可绘制出曲面的相切线。车顶曲面完成后，利用上视图、前视图交叠投影，标出车顶曲面与前挡曲面的相切线。前挡曲面完成后，用同样的方法，标出前挡曲面与机盖曲面的相切线。标注出车顶曲面与前挡曲面的相切线、前挡曲面与机盖曲面的相切线，依序将前挡及机盖由二维投影精准地转化为三维曲面。

车灯构形是在汽车机盖上的，故制作顺序要在机盖完成之后才能制作。目前该区域的造型相交边界尚不清晰，所以车灯区暂不处理，等轮包造型完成后，得到相交边界后，才能去塑形车灯。

标注出车顶曲面与前挡曲面的相切线、前挡曲面与机盖曲面的相切线，依序将前挡及机盖由二维投影精准地转化为三维曲面

图 5-55　投影车头细节曲线

步骤 03 上视轮廓打磨

扫描二维码，跟随视频，学习打磨上视轮廓。

微课 5-2　上视轮廓打磨

制作第三道PU。上视图的轮廓投影在模型上，选取适合厚度的PU来贴附，如图5-56所示。再将前视图的轮廓投影到PU上，以此来判断车门及轮包的形态大小，如图5-57所示。

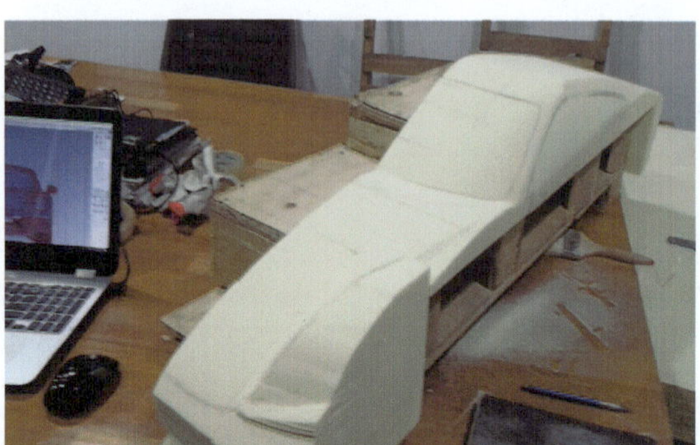

图 5-56　绘制上视图轮廓厚度

图 5-57　按轮廓投影，去除多余的 PU

按照轮廓投影，去除多余的PU，同样需拆解成头、身、尾三个区块来施工。为了能让车门完整地收纳窗玻璃，造型面一定在舱体之外，这也是车肩构形的来源。

轮包与车灯构形的连接需在机盖与车肩部造型融合后才能明确，故先忽略。

接着根据上视图的轮廓切削出车身布局。在机盖与车肩造型融合后，对车灯进行构形与打磨，如图5-58、图5-59所示。

这时我们会发觉：三视图所提供的参考点，对车辆造型而言是欠缺的。主要原因在于车身造型是由多个单体堆栈融合而成，一些单独的造型因边界缺失而无法动手。例如，前后脸跟车体大型并不完全相接，轮包及车肩是浮在多个造型的交汇处，以致造型边界模糊难辨，这就需要对车体曲面做更细致的分析，才能推导出其隐藏起来的构形边界。

如图5-60所示，车窗和车身形体之间的关系。车窗最底端的点“a”与车身最突点“c”之间点距离，称为“设计裕量”，小型汽车设计裕量不多，需要最大程度地提升车内空间的表现，同时还要留有车窗下降时的舱位。这些必要条件增加了设计的难度。

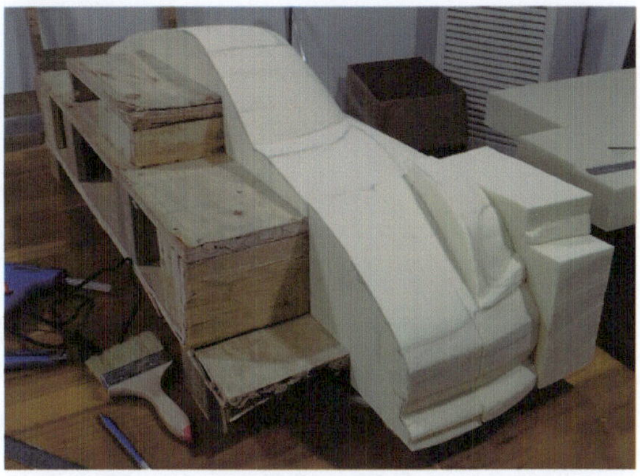

图5-58　车灯构形

图5-59　车灯打磨

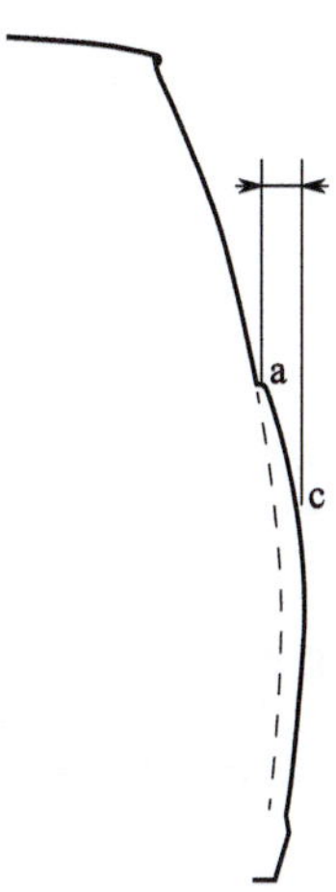

图5-60　车窗与车身形体的关系

步骤 04　曲面连接融合——侧面打磨

扫描二维码，跟随视频，学习曲面连接融合——侧面打磨。

微课 5-3　曲面连接融合——侧面打磨

首先我们要认识车身曲面的属性。因空气动力的要求，车身的每个结构面都要有效地相互融合成一体，包含曲率顺接与张力顺化，以免湍流及扰流产生。所以，车身的结构面首先要具备变化的指向性来导引气流，大体就是依着纺锤状的走势环抱座舱。其次是我们所认知上的单一面，其实都是一堆不同变化的曲面组合而成的，只是相接处曲率衔接。我们看不出明显的交接线，易误判为单一结构面。

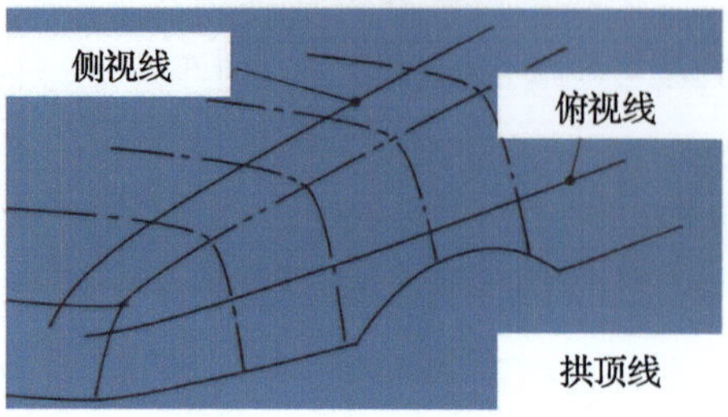

图 5-61　空气动力知识点 1

如图5-61和图5-62所示，在面上绘制横竖相交的线。为了表达物体面的质量和走势，两个平面相交时形成一条线的概念是很重要的。例如，翼子板的线通常就是通过侧视线的下压程度来确定的。

由基本型的车体来看，可以解析出构成车体形状的基本面与各基本面连接相交处，为达到顺化对接的集合面。集合面与相邻的基准面是达到曲率顺滑对接的，运用此特性就可创作出车身的棱线视觉变化。

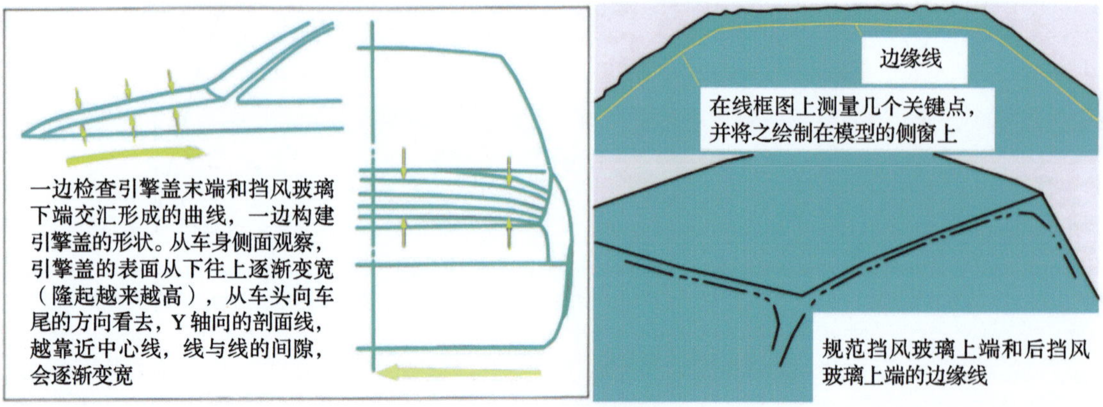

图 5-62　空气动力知识点 2

现在汽车的不少组件造型特化，独立存在于集合面的区域。所以除组件造型的基本面外，与已经是整合变化的集合面相交的再顺滑区域称为过渡面。在曲率顺化的基础上，再次积分会导致生成更高阶的曲面变化。

集合面、过渡面的建模

集合面是指有两个或三个不同方向的曲面相交汇的曲面。例如，挡风玻璃和车顶棚之间的面、车顶棚和车门之间的面。虽然单一的曲面决定了汽车的造型，但复杂曲面在一定程度上可以决定模型的完美程度和神韵。

在这个阶段，制作模型的过程要求设计师“手眼结合”，即用眼观察，用手和工具进行制作和修整。设计师应高效地利用图纸上所标示出的关键线条，用眼睛观察和比对模型表面的变化和走势。在这个过程中，所有的操作均依赖眼睛和手，无需借助工具的帮助。

制作座舱区域的集合面，如图5-63所示。

1）根据关键线线框图，在侧窗面对应的截面上确定前柱和挡风玻璃的位置，做标记线。完成之后，将挡风玻璃的面延伸到标记线。接下来，使用刮刀或类似的工具，通过眼睛的观察，沿着基准面，制作出光顺的集合面。

2）对于后四分之一的部分，使用和之前相同的方法，并和设计师进行细致的沟通，来确定车窗的位置。

3）在侧窗上标记出模型制作的边缘线，缝隙也使用同样方法进行标记。

4）在挡风玻璃表面标记出挡风玻璃的上边缘线，后车窗的边缘线也使用同样方法进行标记。

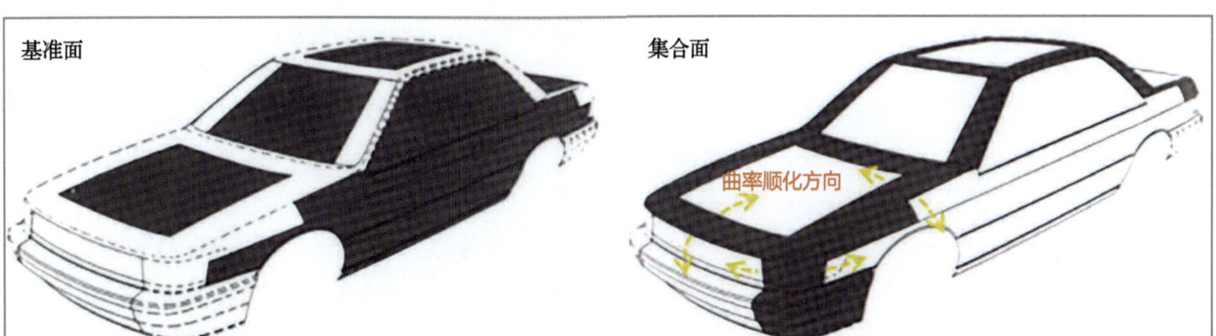

图5-63 集合面的制作

步骤 05 曲面连接融合——车尾车头打磨

微课 5-4 曲面连接融合——车尾车头打磨

扫描二维码，跟随视频，学习曲面连接融合——车尾车头打磨。

1. 前灯与车肩的制作

如图5-64所示，由曲面解析可得知，车肩虽有基准面，但非常细小，且A柱前面被车灯造型与过渡面覆盖住了，想确定基准面，必须完成车灯造型后才行。

车灯又同时与机盖、前唇、轮包、车肩的基准面与集合面都有交集，故先确定相交线，才能对车灯动手。

如图5-65所示，先以信息最明确的前唇构形入手，同时一并完成气坝与前铲的拐角处造型，把轮包的边界框限出来，即可对轮包出手了。

轮包构形的基本面是轮眉，其他可视区域是与相邻面顺化的过渡面，由前视图轮廓确定轮包过渡面的饱满度，即可完成制作。

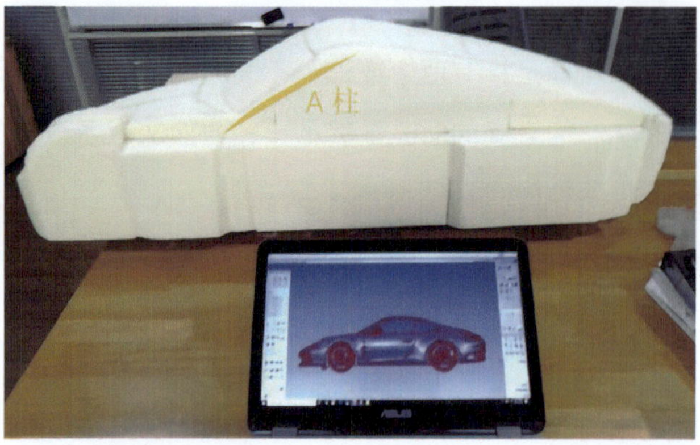

车肩基本上都是集合面的构成故先拆解出车灯部分

图 5-64 曲面解析

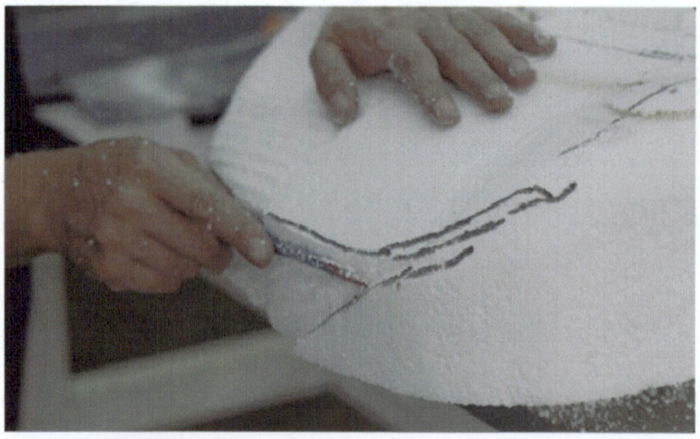

由影响曲率的顺位来逐步修整出顺化的造型

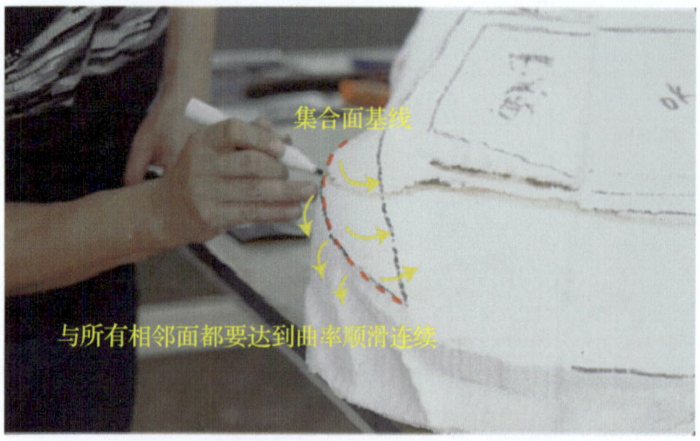

越细微的曲率集合要在基底顺化后调整

图 5-65 车灯制作

如图5-66所示，接着以A柱前弦处的机盖基准面，配合车侧腰身的基准面，做出相交处的车肩，环绕车灯的构形基本就完成了。

由实车推导出车灯造型的基线，开始向邻近的形面进行顺化融合。如果曲面数据不足，可投影上车身的区域线辅助曲面变化判定。

如图5-67所示，车灯造型完成后，车体部分的车肩就非常清晰明确了。在制作时，我们同步把腰身的形面变化及侧裙的细节一并完成。

主因在于，腰身的构形是车体姿态的主要呈现，决定了汽车前后段的视觉重量与走势，元素间相互对比下才呈现出汽车的姿势。

腰身的构形可塑造出车体的身段，呈现汽车的三维比例，其过渡面的变化非常细腻，故需反复推敲调整。变化信息不足时，可将车侧的线条投影至PU上，由立体空间的线条走势来判读形态是否调整正确。

投影上车身的特征线，可检视曲面顺化是否到位，如图5-68所示。

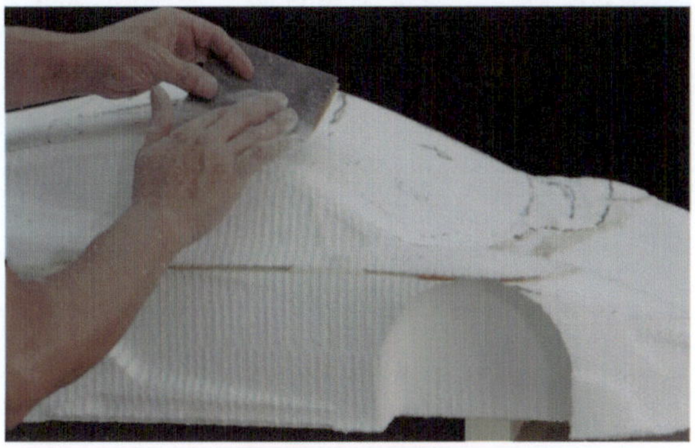

依序制作座舱区间的车肩

图5-66　车肩制作

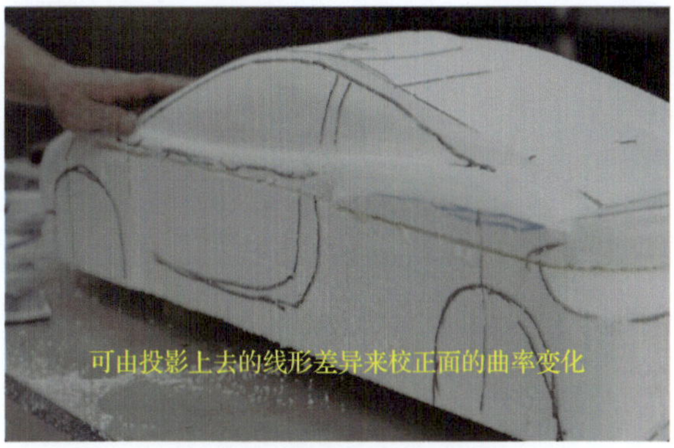

图5-67　投影腰身及侧裙线条

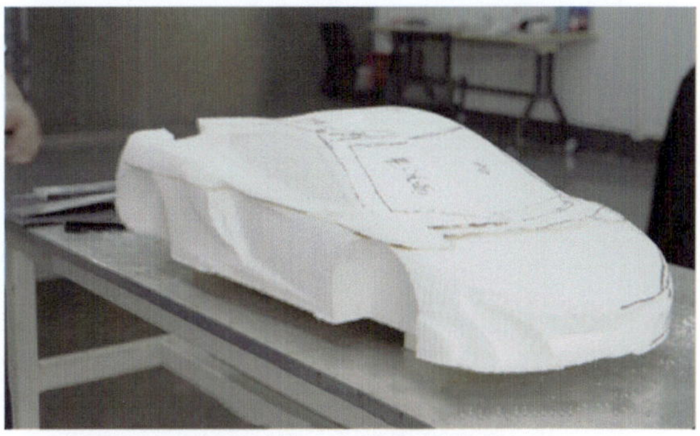

投影上车身的特征线，即可检视曲面顺化是否到位

图5-68　检视曲面顺化是否到位

2. 车尾后段的造型融合

如图5-69所示，因车腰身形态已定型，相邻后轮包成为信息最全区块，故优先框定车尾拐点。后尾灯与前灯相反，呈贯穿式，横跨C柱与后挡轮包集合面，入手难度大。观察实车可知，后尾线条与后唇形态相呼应，车尾以后唇为核心调整。明确主体后，先塑造主要元素，后唇完成后，其余造型变化及走势自然显现。

上视轮廓可确定后唇走势，结合侧视与后视高度，即可精准定义后唇基准面。随后塑造后挡轮包与贯穿尾灯，框定C柱与后挡轮包过渡面，上部造型最终融入贯穿灯边界。

如图5-70所示，最后再来处理后气坝的造型。依据投影的特征线在PU上逐个塑造。

车尾的拐点与车头的拐点同样重要。这四个点标志了车身的体态，同样前后挡与车顶相交的四个交点，则是座舱的体态。

有效掌握这八个关键点，则设计出来的汽车体态就不会别扭，要牢牢掌握运用。

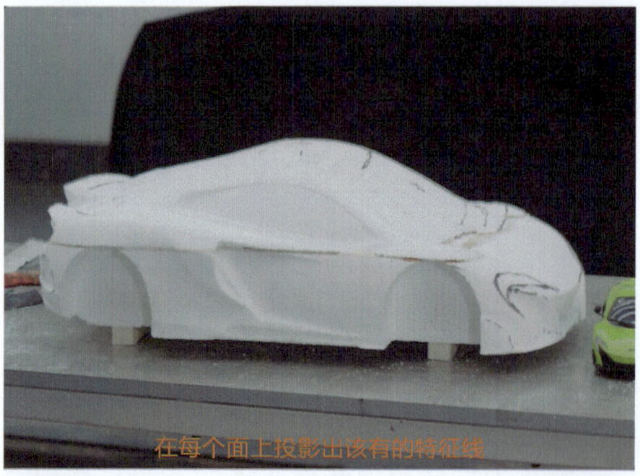

a）

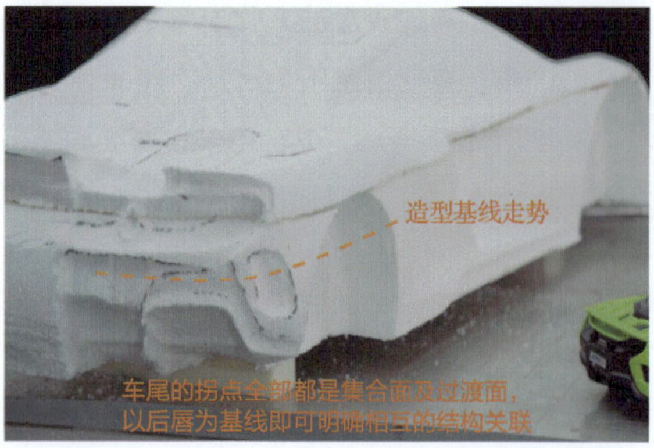

b）

图5-69 框定后档轮包过渡面

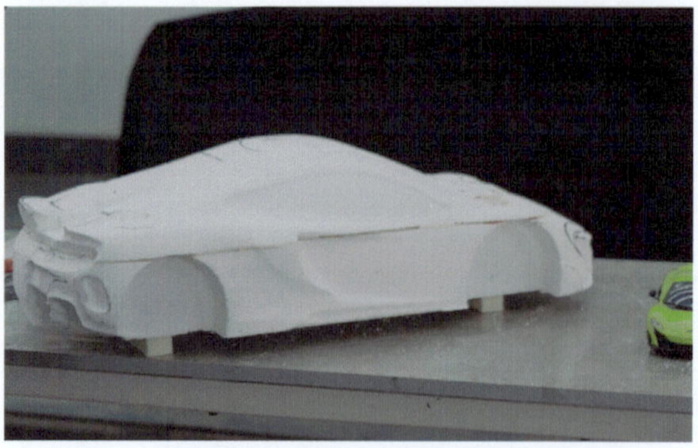

图5-70 在每个面上投影出该有的特征线并完成塑形

3. 内胚对称

内胚对称如图5-71所示。

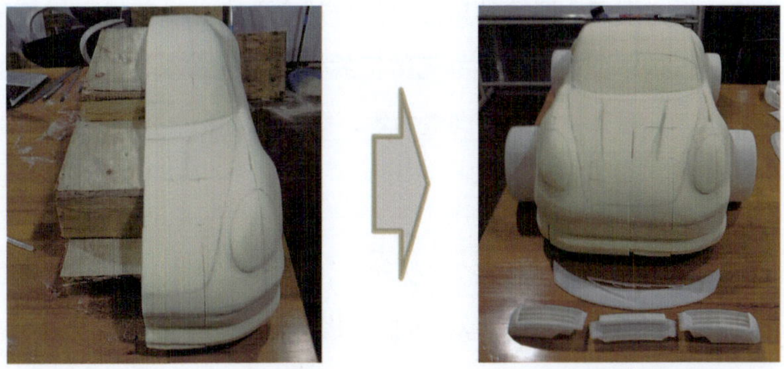

a） b）

图5-71 内胚对称

（1）制作左侧对称轮廓

对称的做法完全是镜像左侧的工序。由于有了右侧当靠模，不用描点就能直接制作，是非常轻松地复习。

如图5-72所示，第一道截面完全不须尺寸测量描点，只需完全复制右侧的工序即可，贴上超出模型表面的PU后，直接以锯条靠着右侧的轮廓切削即可。

a）

b）

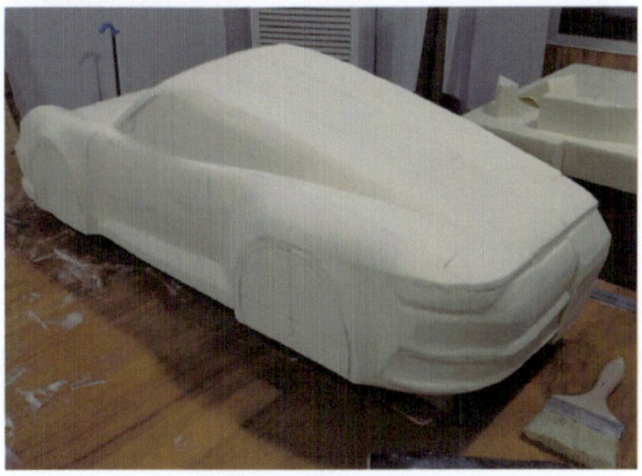

c）

图5-72 对称步骤1

Tips

由于有右侧充当形板，侧轮廓投影几乎可以同时施工来提升效率，需注意大面曲率的走势。

如图5-73所示，将块体已经覆盖的特征线投影到左侧PU上，这时由于是空间取点，如用钢尺将会产生很大误差。正确的做法是用分规来取点。接着就可以打磨横跨中心线的各基准面了。需要注意的是，本款车型在中心线并无特征的棱线，代表左右侧是完整的单一面。打磨时，需校正到中心线的基准面，其相交处的法线向量为零，即基准面在中心线处应该是曲面的最突出点。

（2）左侧形态造型制作

制作左侧第三道PU的上视轮廓，步骤：镜像右侧，先切削轮廓，再造型。为加速工作，将网格线投影至PU表面作为参考，依据网格投影确定集合面截面趋势。

如图5-74所示，从上至下打磨PU集合面，为提高效率，每完成一块PU立即打磨造型，就为下一块PU提供Y轴截面作为贴合依据，省去打模校正步骤。

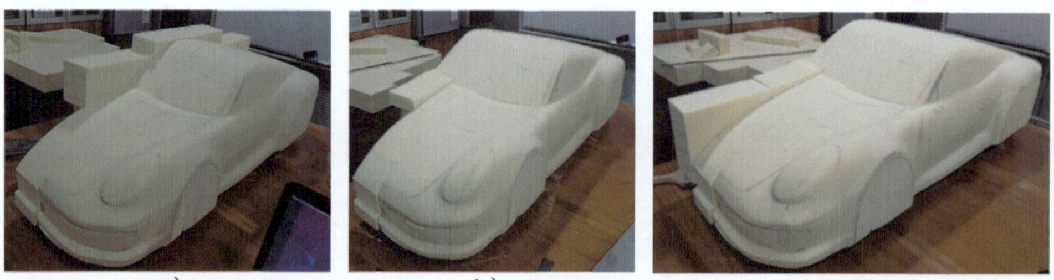

a）　b）　c）

图5-73　对称步骤2

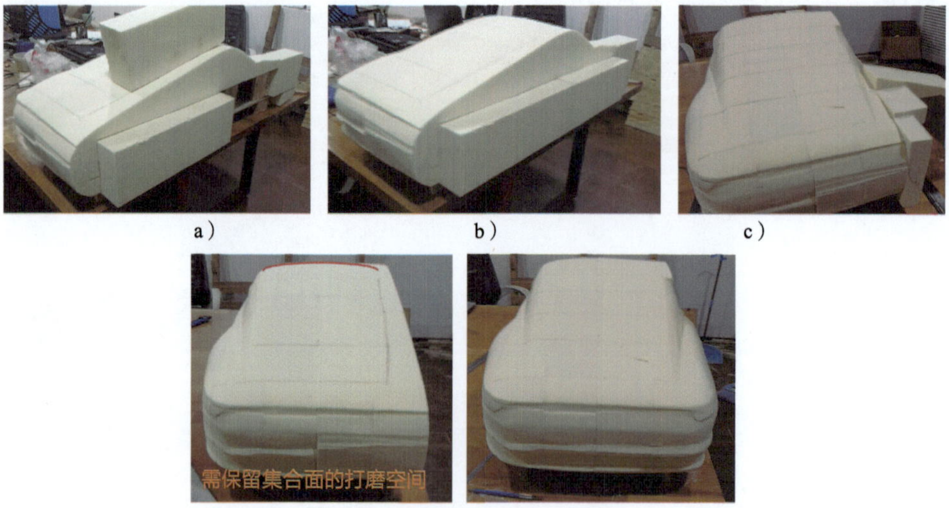

a）　b）　c）

d）　e）

图5-74　对称步骤3

Tips

门板的PU与骨架没有可承重的面接触，为避免剥落，搭接区需嵌入骨架内，以产生承重结构。镜像复制右侧集合面的做法即可快速准确地达成形态对称。

如图5-75所示，后段细节多易失真，采用三点测量法确保对称。该方法通过获取测量点X/Y/Z轴数值，在镜像空间中完成对称。软件中可一键完成。在实体操作中，先以高度规测Z轴值，中心线取Y/X轴基准点，分规画弧，三线交点为对称点。若三弧不交于一点，则根据偏差打磨，直至三弧相交。实操中边测边磨，依据三弧状态逐步修整，熟练后一般三次调校内可求得准确值。

（3）左侧细节造型制作

熟悉运用三点测量法后，对于形态观察与表述有着层次上的提升。不管是平面还是空间定位，都有精准表现。现实生活中，地图上的定位测量也是配合太阳角度形成第三轴向后，精准定位出观测位置。

如图5-76所示，镜像重复右侧内坯的制程即可得到完美形态对称的模型，左右形态完全一致后再开始做细微的差异调整。

接着制作前脸的细节，同样需大量依赖三点测量的应用，才能在空间将造型特征精准地塑造出来。

同样的流程，过渡面的造型也是等基准面及集合面修整无误后再来制作。要善用直尺、分规等，才能完成令人惊叹的精准度。

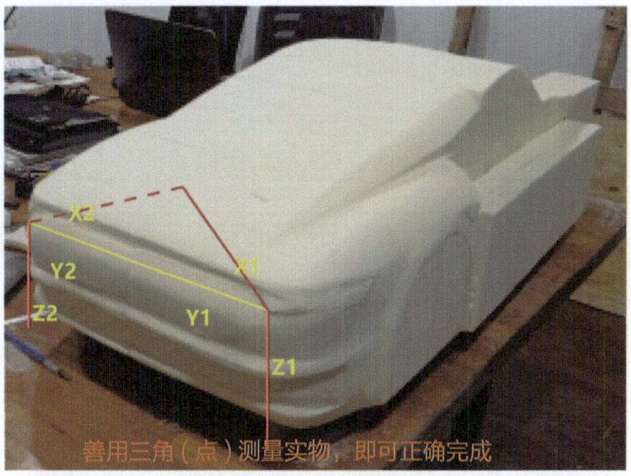

图5-75　三点测量法

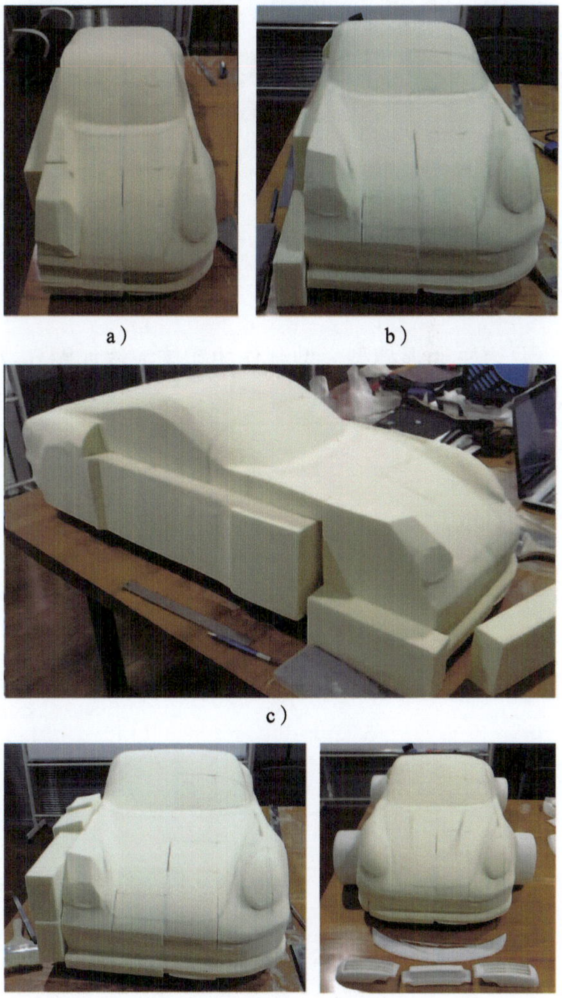

a）　b）　c）　d）　e）

图5-76　对称步骤4

任务3
汽车油泥模型大型制作

任务描述

如图5-77所示，汽车PU模型转换成汽车油泥模型。在结构体和PU内胚的基础上，使用油泥进行大型塑造。此时应注重整体比例、线条流畅性和曲面连续性，确保大型符合设计意图。

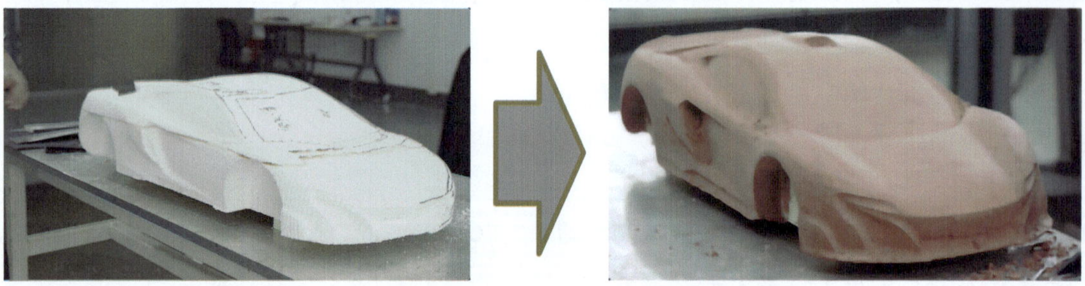

图5-77 汽车PU模型转换成汽车油泥模型

任务实施

汽车油泥模型大型制作的实施流程如图5-78所示。

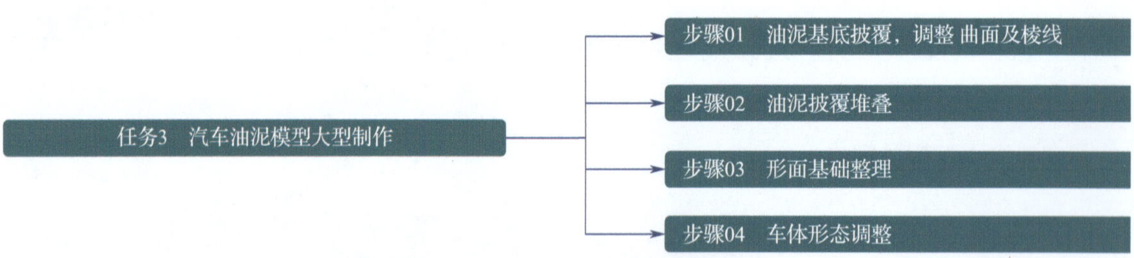

图5-78 汽车油泥模型大型制作的实施流程

步骤 01 油泥基底披覆，调整曲面及棱线

微课 5-5 油泥基底披覆

扫描二维码，跟随视频，学习油泥基底披覆。

如图 5-79 和图 5-80 所示，通过塑形，得到了汽车 PU 模型。经过三视图的比对及实物测量的验证，可以肯定外观特征配置已与实车相仿。但实车车身曲面的变化过渡细腻，且细节繁复。汽车 PU 模型距离合格的汽车外观模型还有一定距离，所以要用油泥把曲面及棱线调整出来。

因为需要用油泥来做曲面及棱线的推敲，所以大体只需 3mm 的厚度即可。修改量较多的地方，如把手内侧，酌量增到 5mm。

如图 5-81 所示，先以中心线为起始，定义出主要的特征面。例如，选择无遮盖的前后挡或车顶，都是常见的选项，先由造型面的边界开始油泥涂覆。

如图 5-82 所示，首层油泥需与 PU 完整贴附，需完全压实 PU 的孔隙。接着无缝涂覆油泥直到覆盖所有特征面。因为 PU 模型已提供清晰的外形比例，油泥要等厚无间隙地按照模型面的走势涂覆，注意控制油泥厚度，避免比例的失调。

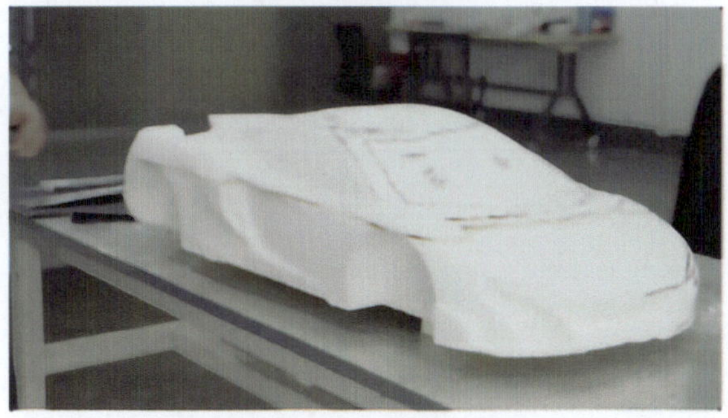

图 5-79 汽车 PU 模型效果 1

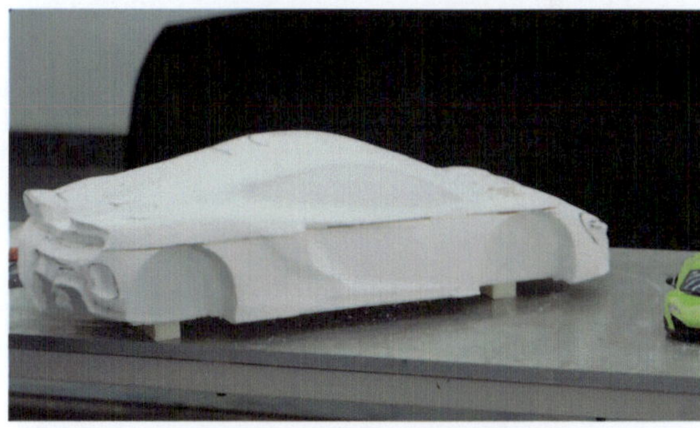

图 5-80 汽车 PU 模型效果 2

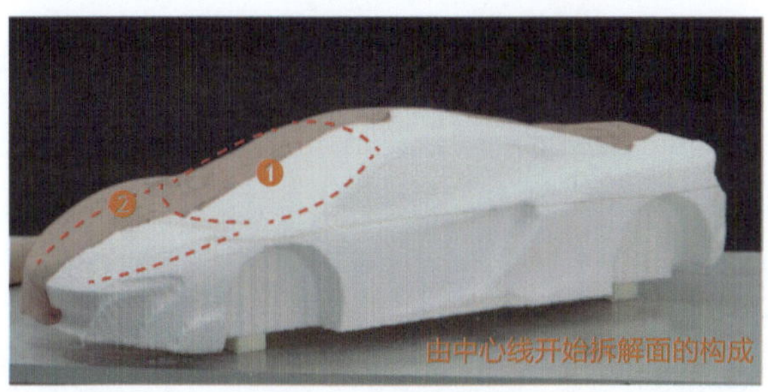

图 5-81 表面材质替换 1

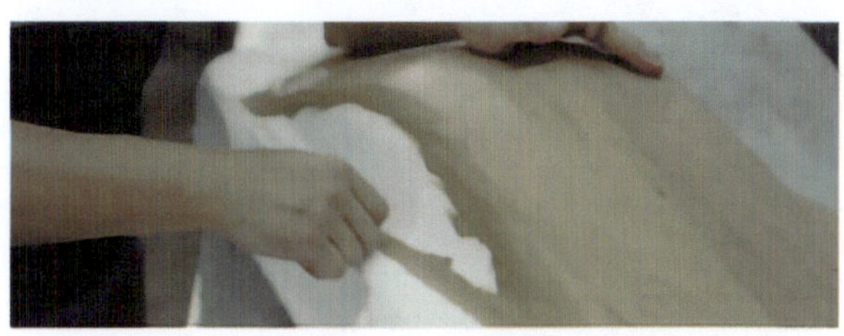

由组成面的边界开始涂覆油泥，如同喷涂技巧般需无缝顺接

图 5-82 表面材质替换 2

如图 5-83 和图 5-84 所示，敷上的新泥要与周边旧泥有效融合，厚薄要均匀，否则会导致造型比例失调，同时油泥内不可夹杂空隙，不然会花费大量精力来补孔，同时会因不均质导致表面凹凸起伏，严重影响曲面呈现。另外要以层为单位，一次性涂覆完一层。不然过大的温差将大幅降低油泥本身的融接性。

如果不得不中断，接续上泥前要用油泥加热灯，将表面油泥加热至工作温度再涂覆新泥。

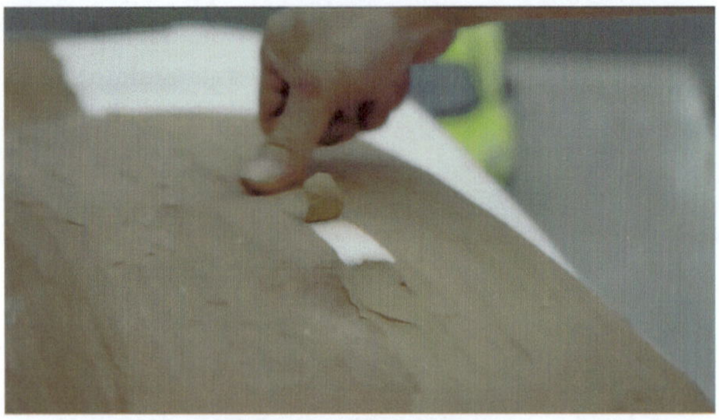

图 5-83　表面材质替换 3

图 5-84　表面材质替换 4

步骤 02　油泥披覆堆叠

微课 5-6　油泥披覆堆叠

扫描二维码，跟随视频，学习油泥披覆堆叠。

油泥披覆堆叠如图 5-85 所示。

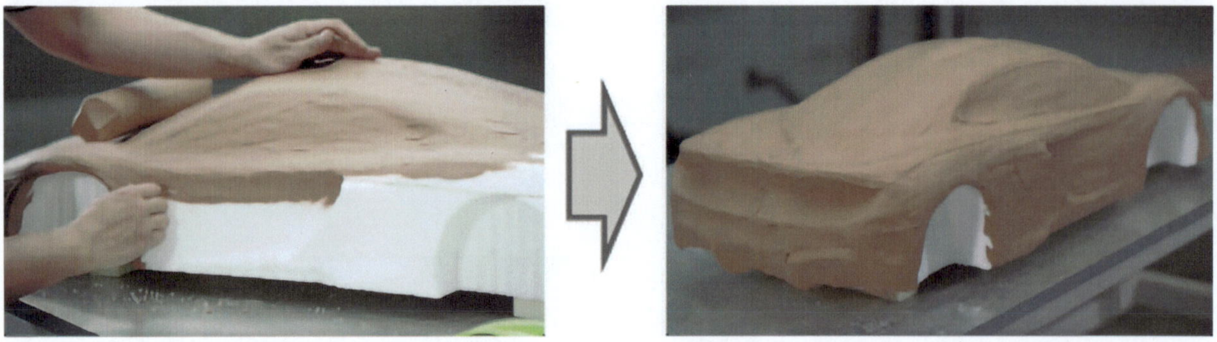

a）　　b）

图 5-85　油泥披覆堆叠

如图5-86所示，根据上泥的基本要求，底层以1~2mm的油泥厚度覆盖所有造型面。由于造型面在PU模型上尺寸误差控制在1.5mm以内，所以接着在模型上将油泥一次性加厚到5mm，如图5-87所示。

由于造型细节明确，故上泥时要依照造型特征等厚度地逐步涂抹覆盖。与工件相接处需充填扎实才能取得良好的组配关系。

如图5-88和图5-89所示，打磨时因PU模型不可逆的减法塑形特性，存在一些过度切削、弧度不足的小失误，在涂覆油泥时都可一并修正，这也是使用油泥塑形的主要优势。

如图5-90所示，涂敷完成油泥，我们还需要冷却到室温，即17℃~27℃之间，这时候油泥的可加工性能和细致度是最好的，温度过高则太软粘黏，温度过低则融接性差，不够平顺。

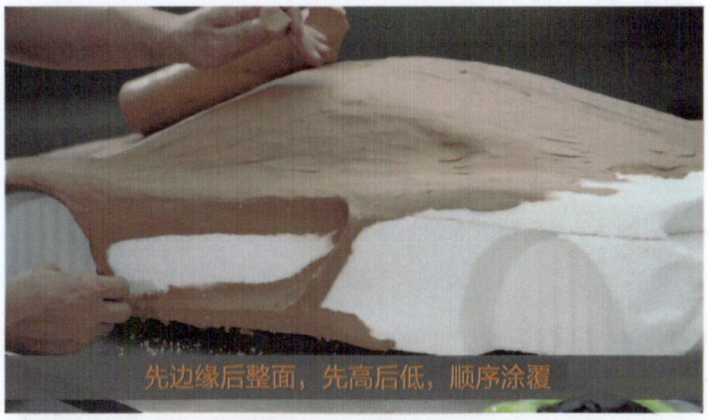

图5-86　底泥披覆

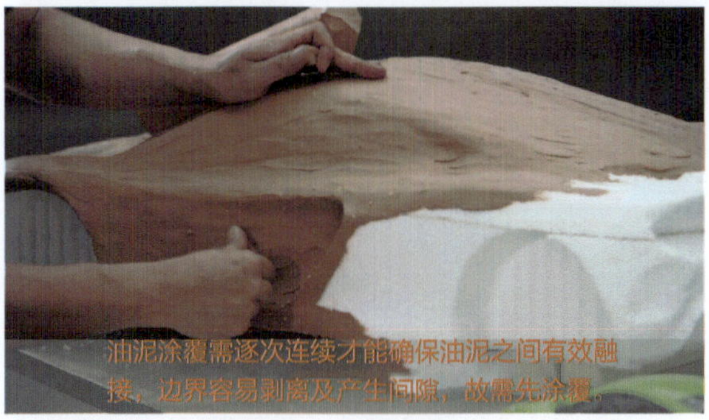

图5-87　填充模型厚度

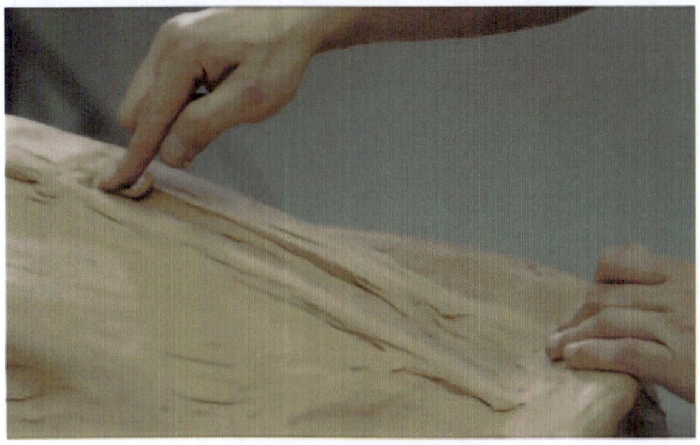
图5-88　涂敷细节造型

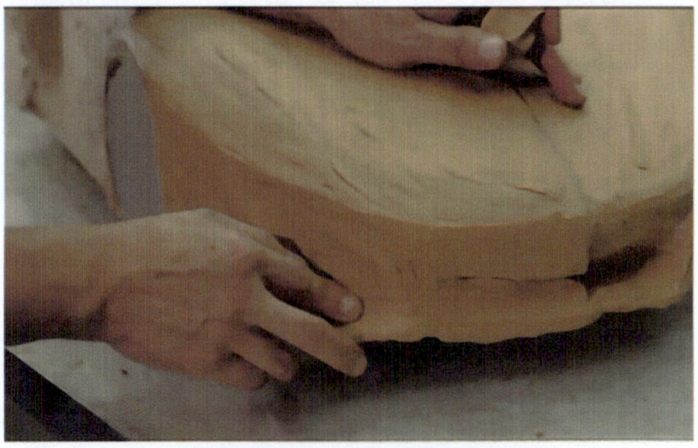
图5-89　加工底部前铲

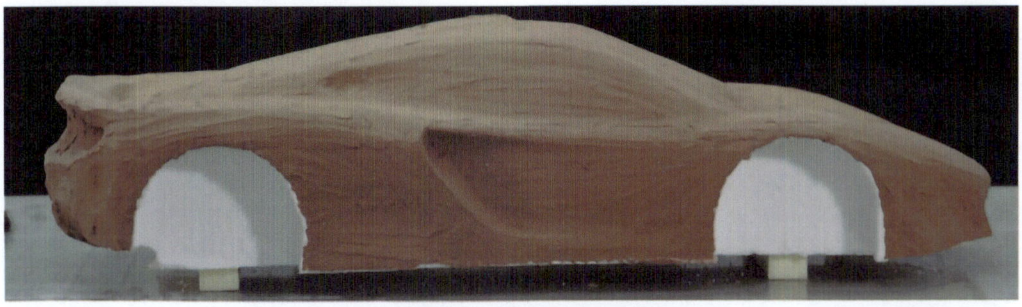
图5-90　完成油泥披覆

步骤 03 形面基础整理

扫描二维码，跟随视频，学习形面基础整理。

微课 5-7 形面基础整理 1

微课 5-8 形面基础整理 2

如图 5-91 所示，整理形面基础。

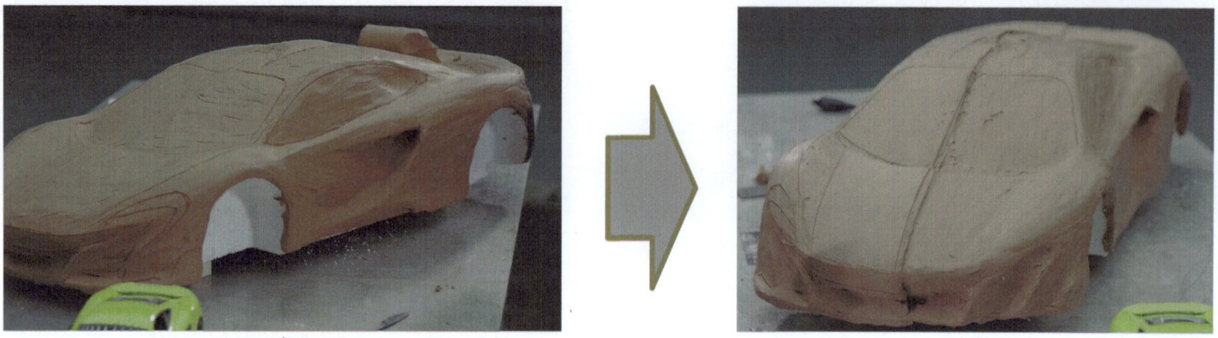

a）　　b）

图 5-91 形面基础整理

1. 曲面与棱线的整理

如图 5-92 所示，涂覆完成后，整车看起来就像随意堆砌的泥塑粗坯一般。后期重点在调整尺寸及体量。这时我们先用平刮刀，进行面与棱线的快速整理，顺着基准面的走势，以交叉刮削的技巧还原曲面的张力。

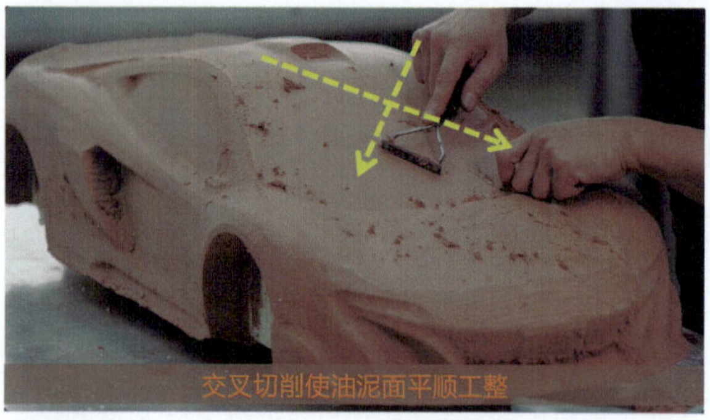

图 5-92 交叉刮削油泥

如图 5-93 所示，刮刀所无法刮削到的局部是因为曲面塌陷而无法接触到，需及时填补油泥至正确的弧度。

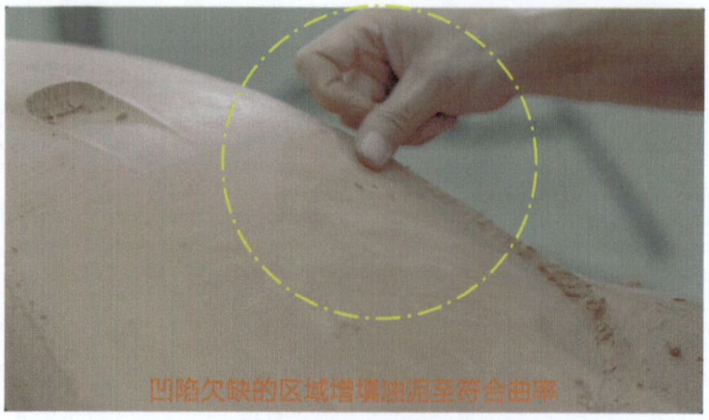

图 5-93 填补凹陷

整平曲面如图5-94所示，当整张面都能被刮刀平顺地接触到时，平整度就控制在0.5mm左右。

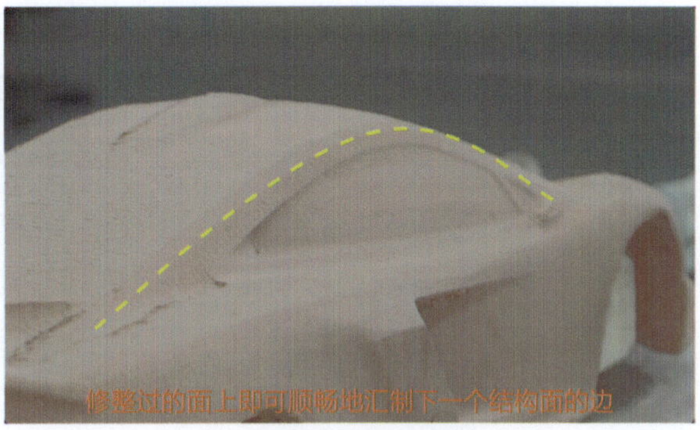

图5-94　整平曲面

接着使用适合曲面的刮板，来做表面光顺的工作。

如图5-95所示，整理曲面油泥的技巧是顺着曲面的U/V向量来刮制曲面。使用刮板后会强制油泥表面达到曲度顺化的效果，有些边角局部油泥很薄，可能露出PU。这不是表面的最终状态，因此先忽视这些瑕疵。待曲面饱满度校正后还露出的PU才是该清除的。在光顺后的基准面，画上相交的边界线，以进行下一个面的整平光顺工作，集合面变化这个阶段可忽视。

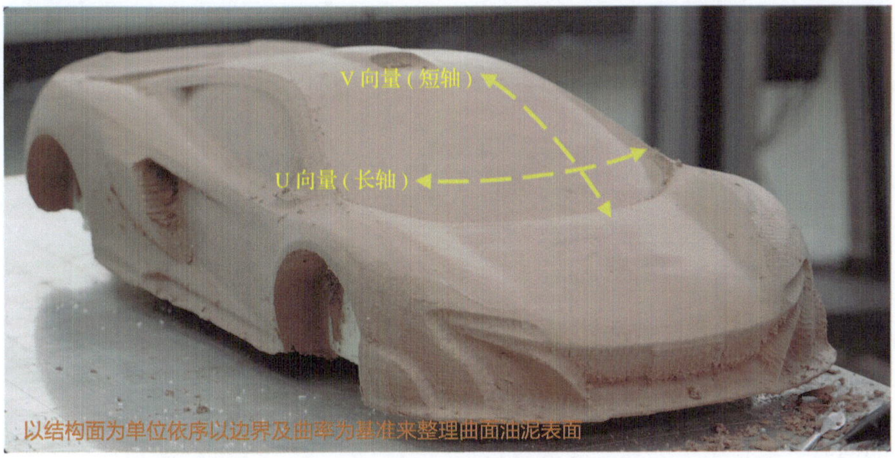

图5-95　整理曲面油泥

2. 汽车形面的原理

调整车身曲面光顺度时，会产生各个部件的疑虑，了解车身形面布局的气动基本法则，才能准确调整汽车形面。

如图5-96所示，物体排开空气时，在轮廓端点会产生远离表面的独立气流，称为湍流；在相对低压的表面，气流会产生回卷，称为扰流。

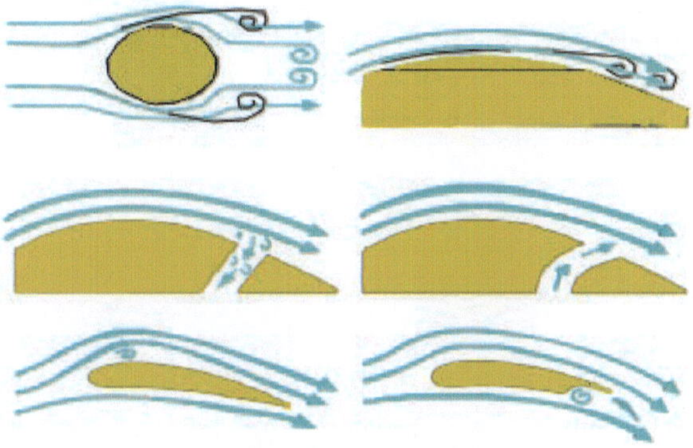
图5-96　汽车形面原理1

气流被困在低压区无法离开，只能随物体移动的称为涡流。气流被湍流、扰流、涡流等影响，偏移原先路径产生无序运动称为乱流。所以座舱从前挡车顶到后挡形成一个近似纺锤体的平顺造型，是为了减少不必要的形状阻力，使机盖轮包侧裙后尾的曲面走势更明显。

如图5-97所示，车辆运动时，排开的空气是四面八方的，故表面须兼顾多个方向的平顺对接，避免气流剥离表面形成乱流，这就是集合面与过渡面的来源。车辆运动时气流无法沿表面移动，会被四周的涡流排开，形成比外层空气更快速的层界气流。这反而造成更大的扰流及运动黏滞阻力，为降低影响，在轮包下部及侧裙前后都会有扰流鳍的造型导开气流。由于交通环境中的风向是不定向的，如果风阻值差异过大，在遇侧/横风时会导致重心偏移，干扰操控。这也是车身各角度构形都差不多的原因。

如图5-98和图5-99所示，由空气动力学的原理可知，车辆的外观要符合诸多条件限制，才能展开创意设计。但一台不具视觉整体性及美感的车辆，哪怕性能卓越也难以被大众认可，所以汽车要满足美学上的需求。汽车在保留车身基准面带来的体态的同时，组合出来的造型还要符合空气动力原理，且与设计意象融合为一体。所以曲面的走势与整体感就形成了产品的体态。由于汽车是移动的产品，整个车形的完整性与迅捷移动的态势要透过造型手法传达，即产品的姿态。

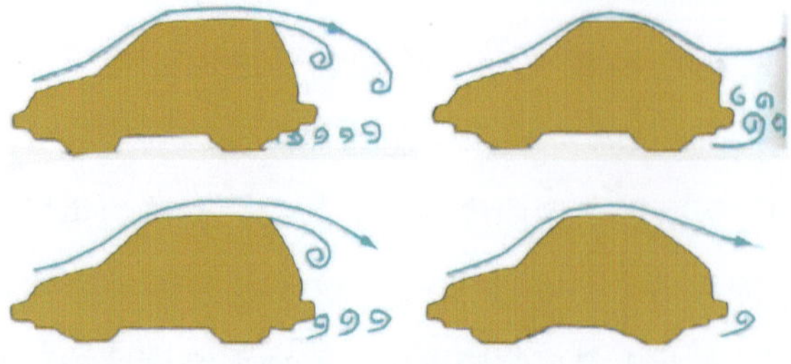

图5-97 汽车形面原理2

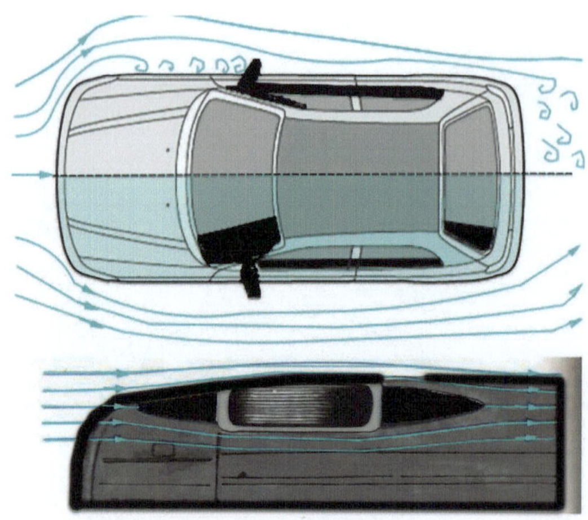

图5-98 汽车形面原理3

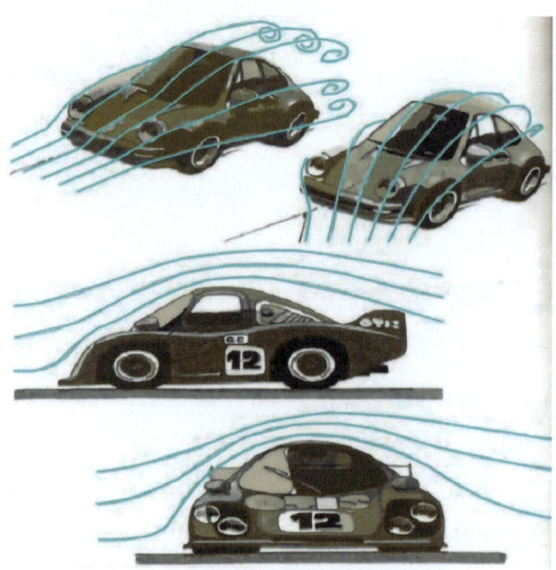

图5-99 汽车形面原理4

如图5-100 所示，为了更好地平衡车前脸，需将大面设计得平缓一些，并增加小面的弧度。虚线表达出来的姿态会更加和谐。

由于人眼对平衡的事物非常敏感，故车子前后比例的视觉重量配平非常关键，视觉重量是靠对比传达出来的，因此非常考验设计师的造型修饰手法。

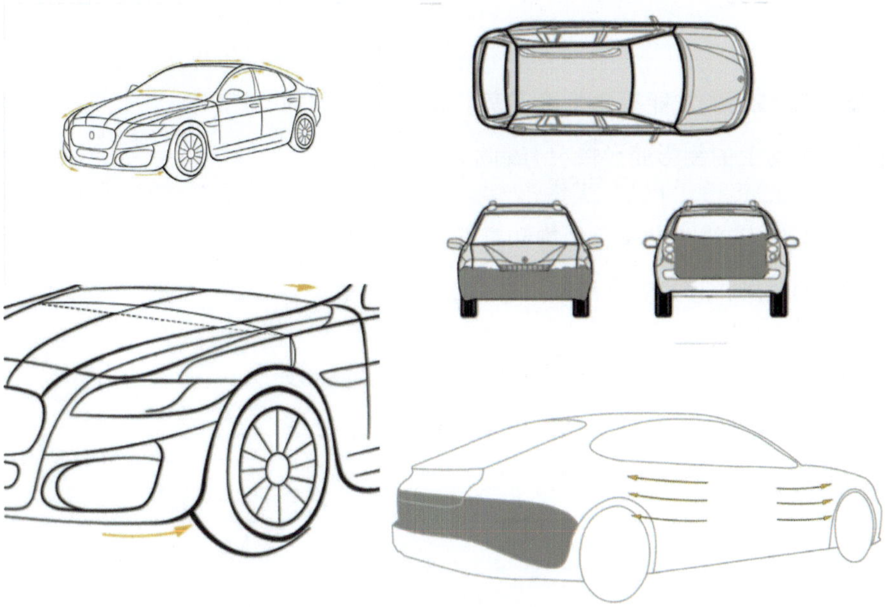

图 5-100　汽车形面原理 5

步骤 04　车体形态调整

扫描二维码，跟随视频，学习车体形态调整。

微课 5-9　车体形态调整

车体形态调整如图 5-101 所示。

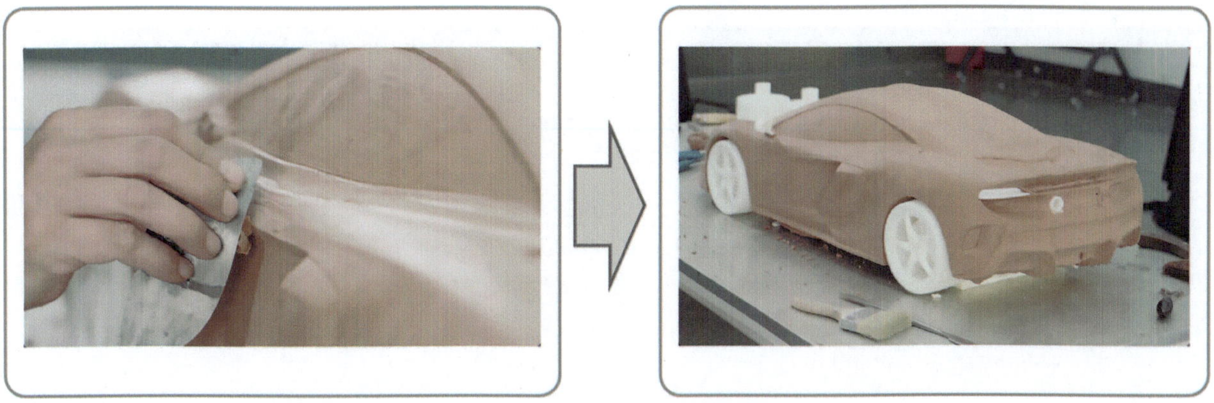

图 5-101　车体形态调整

1. 座舱体态的调整

如图5-102和图5-103所示，首先我们要离开计算机屏幕中的汽车模型，直接与实车的侧视图做对比，可以直观地看出两大问题：一是后挡的溜背弧度完全不对；二是车门的饱满度与腰身位置不一致，才会导致整个模型体态不准确，我们必须把这两点进行修正。

模型后挡上要加高12mm才能符合弧度走势。车门不饱满的判断来自地平线在钣金面上的倒影变形情况有偏差。

由倒影的变形情况，可判读出曲面的饱和度及变化走势，这些都如同斑马纹一般的精准，也是我们解读形态时重要的线索。

先要了解光的直进特性，户外阳光可视为完全的平行光，没有透视的误差。以地平线视角看面，水平处是曲面的最凸点，外凸面会扩张变形，内凹面的反射会压缩变形。

图5-102　实车

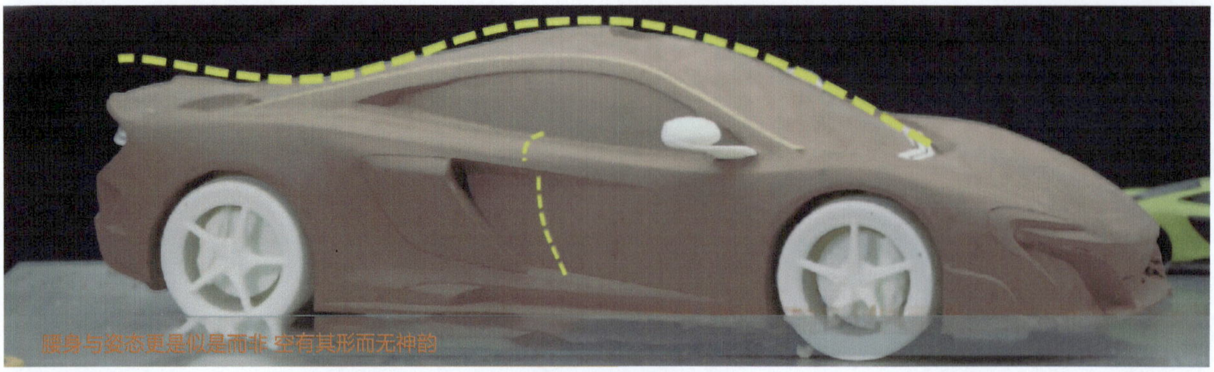

图5-103　模型车

2. 腰身体态的调整

如图5-104所示，由倒影的变形情况及地平线倒影可知，腰身基线下移了10mm。同时车身弧度变化是上张下弛，这也是车辆腰身的常规体态。

上部是车子的肩膀弧度，要饱满；下部是车子的小腹，要收缩。所以先垫出基线该有的高度与饱满度，接着拆解曲面为上下两部来制作。因为已经是空间曲线，所以每个位置的变化量都不同。

为了能直观判断曲面，我们先以截面的方式来塑造出变化走势，调整到满意的弧度变化后，再依据截面目标补上油泥形状。

以刮板刮制出肩部曲面该有的变化。如此可精准地分解出曲面张弛的细致变化，同时不会破坏基底面，避免更大的误差。

接着以同样的方法调整下部曲面。

接着再将上下两部的曲面融合为一个整体，可以通过暗区的分布与阴影深浅，来判断曲面是否达标。

如图5-105所示，先定义出姿态走势的曲线，将腰身分解为上下两段曲面，接着制定曲面变化的截面。调整无误后再补上油泥后修出设计的曲面。

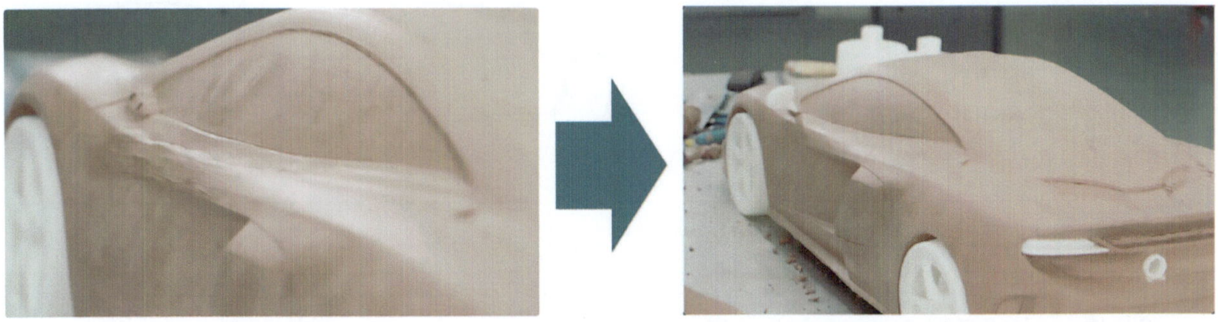

a) b)

图5-104 腰身体态的调整

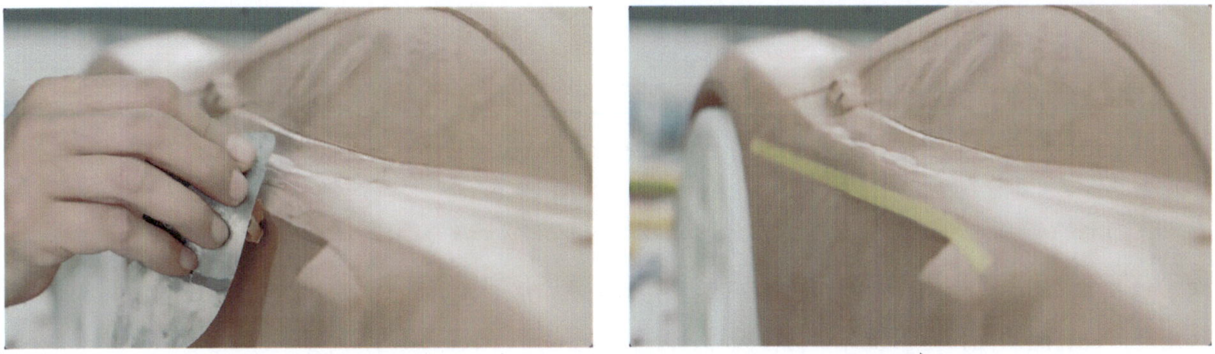

a) b)

图5-105 刮削调整

曲面细修完成后，在实车照片同角度的位置观察，检视是否有光影变化上的出入。如不满意，可持续修整。在正规的造型室中，会在调整面上贴上锡纸，以携带式验光板来检测腰身曲面张力的变化是否顺畅。

如图5-106、图5-107所示，修整后的腰身就与实车腰身十分相似了。

图5-106　汽车实物

图5-107　汽车模型

3. 车身线条的解释

如图5-108所示，可以通过读取车身上的线条来判断车子的姿态，倒影及暗区则会烘托出形面的张力。

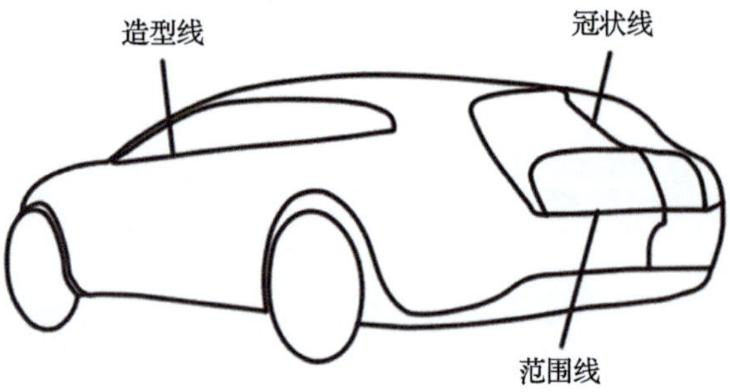

图5-108　车身线条

在没有倒影的干扰下，我们可以在车身上找到三种线条。

造型线——凸显车子构成与特征处的明确线条。

冠状线——可呈现轮廓及阴影，但并不在形面的边界处。

范围(区域)线——框限单一面形状的线段。

视觉读取事物的顺序是：形状、颜色、线条、文字。所以组成车体轮廓的造型线直观地影响我们对形态协调与否的判断。冠状线则充当参考线条，强化姿态特色。范围线则是在单一面上加强视觉焦点的造型线段。

再加上颜色变化及阴影的衬托，才会形成我们对车体所产生的印象，故我们不论是用图纸还是模型来阐述设计特点，这些都是我们要精确掌控的元素，只有逐层优化迭代设计素材与技巧，才能打造趋于平衡成熟的设计方案。

任务 4
集合面与过渡面精修

任务描述

对模型的集合面、过渡面进行精细的调整和修复，确保各部分之间衔接自然、无瑕疵。同时，对油泥表面进行初步的平滑处理。

任务实施

集合面与过渡面精修的实施流程如图 5-109 所示。

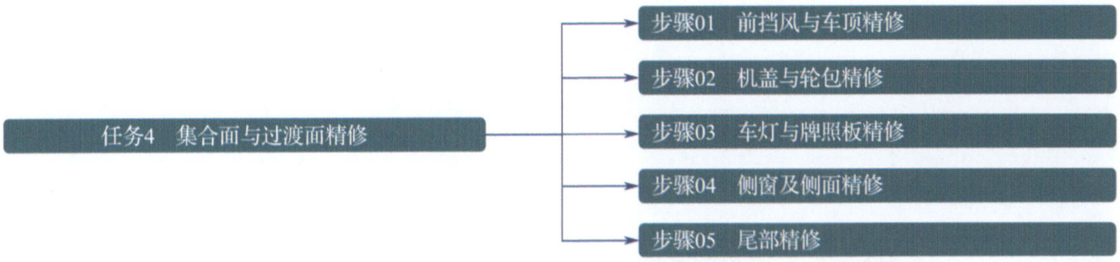

图 5-109　集合面与过渡面精修的实施流程

步骤 01　前挡风与车顶精修

微课 5-10　前挡风与车顶精修

扫描二维码，跟随视频，学习前挡风与车顶的精修。

前挡风与车顶的精修进度，如图 5-110 所示。

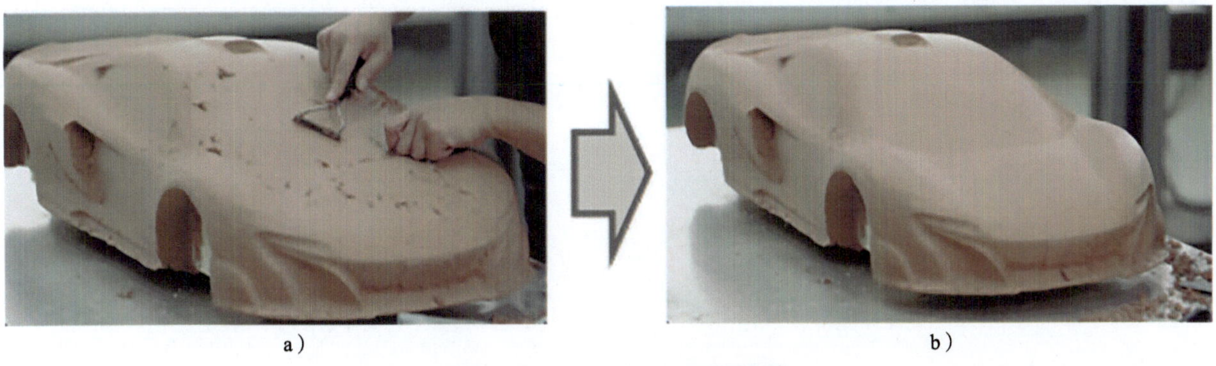

a）　b）

图 5-110　前挡风与车顶的精修进度

1. 集合面、过渡面的建模

复杂曲面是指有两个或三个不同方向的曲面相交汇的曲面。例如，挡风玻璃和车顶棚之间的面、车顶棚和车门之间的面。虽然单一的曲面决定了汽车的造型，但复杂曲面在一定程度上可以决定模型的完美程度和神韵。

如图5-111所示，在这个阶段，制作模型时要求设计师“手眼结合”，即用眼观察、用手和工具进行制作和修整。高效地利用图纸上所标示出的关键线条，用眼睛观察和比对模型表面的变化和走势。在这个过程中，所有的操作均依赖设计师的眼睛和手，无需借助工具的帮助。

下车体形面知识如图5-111、图5-112和图5-113所示。

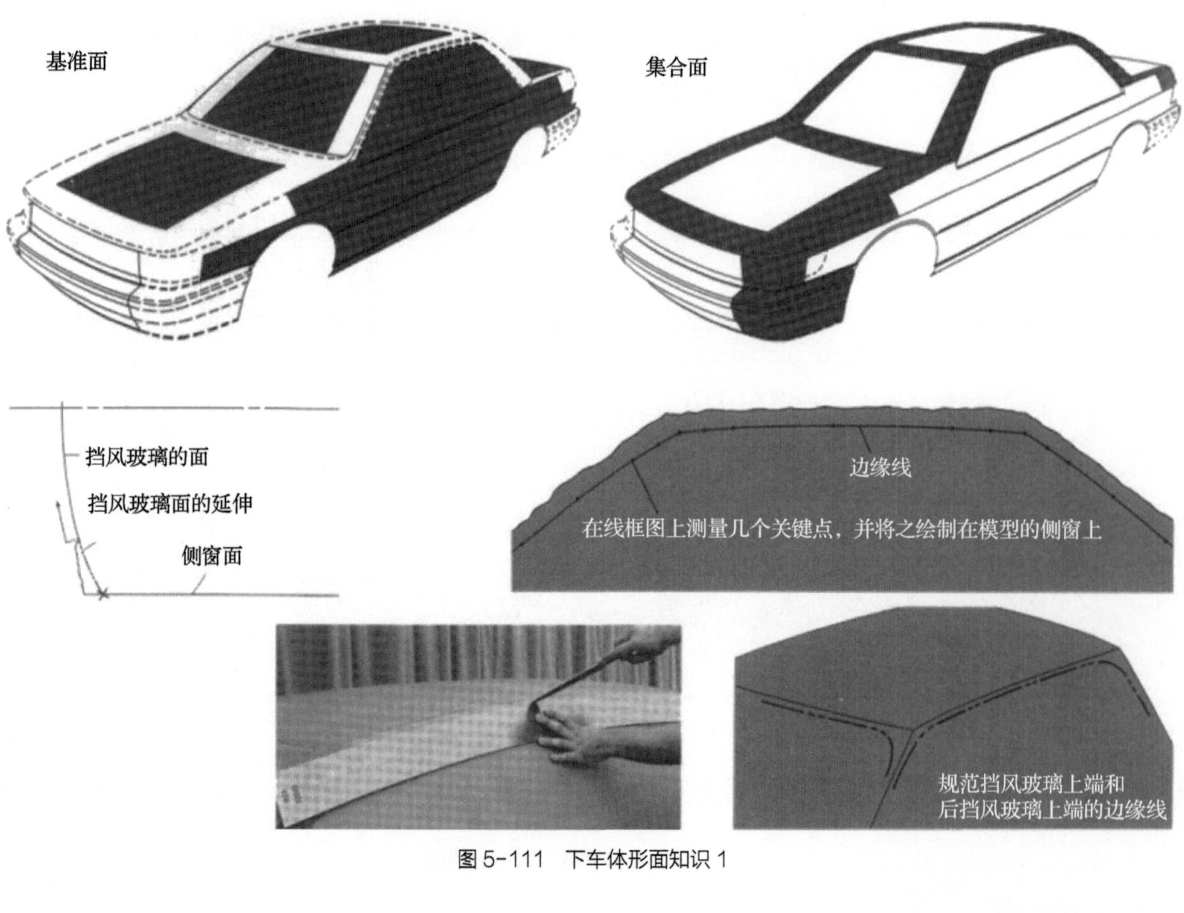

图5-111 下车体形面知识1

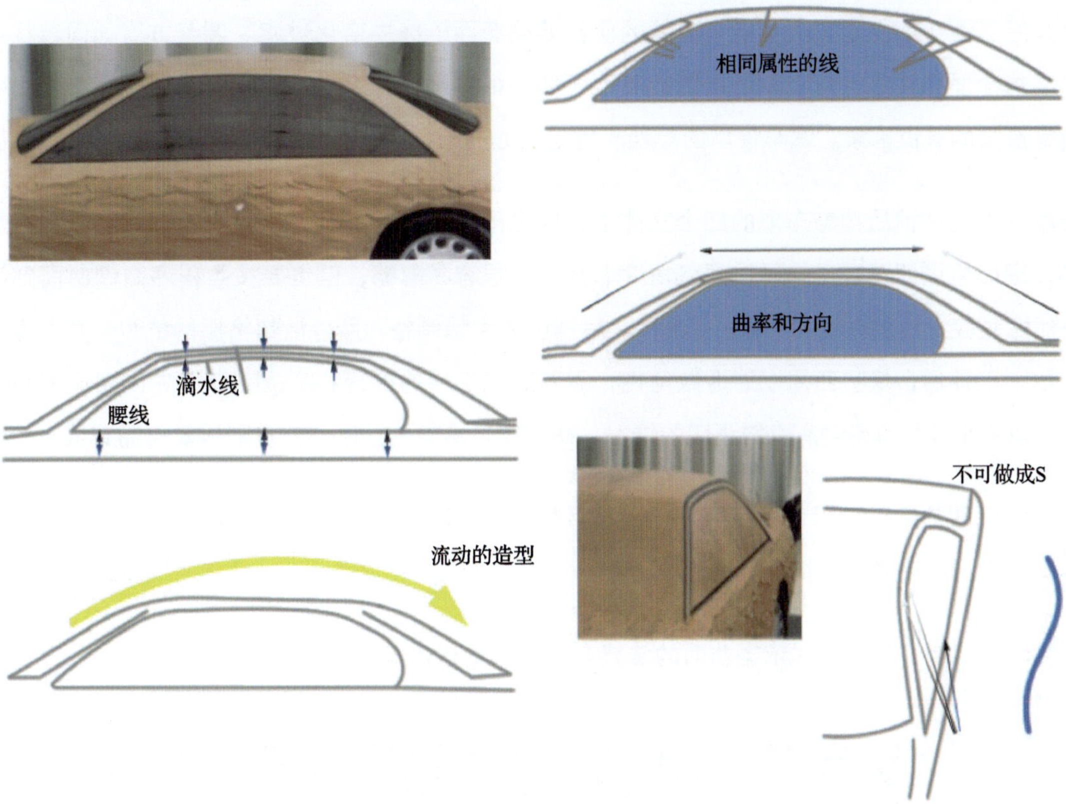

图 5-112　下车体形面知识 2

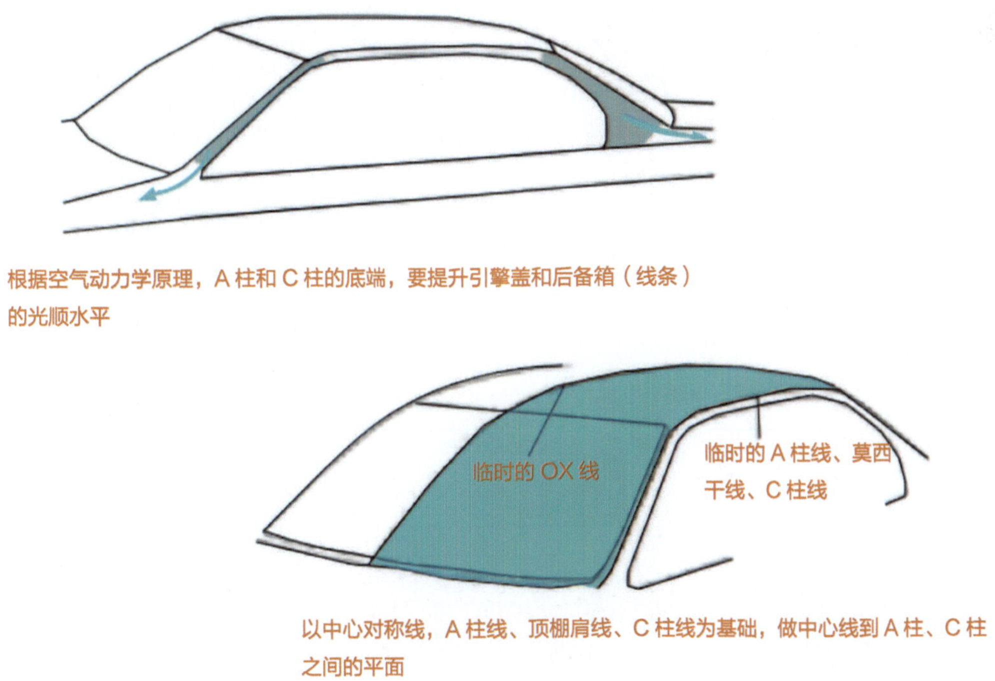

图 5-113　下车体形面知识 3

2. 莫西干线的过渡曲面

如图5-114a）和b）所示，由A柱通过车顶到C柱的曲线是撑起座舱的骨架，我们称之为莫西干线。定义好莫西干线的走势后，所有座舱的面都要往莫西干线去变化过渡。调整方式如同冠状线调整一般，从每个面的切线方向观测所接触的莫西干线，都要平顺、无拐点。所以莫西干线在空间中的转折张弛是造型的关键因素。汽车模型的莫西干线走势是相对平衡保守的，以舒服为主。

最难的点是在前后挡与车顶的四个交点上，因为同时要兼顾三个方向的张力顺化，依据主从关系的顺序，细心微调即可攻克。后挡顶点角度非常小，很容易忽略，但也要按照程序微调曲面到符合变化，不然贴膜验光检测时就会“原形毕露”。后挡因为大幅调整，所以散热格栅的位置与角度也得重新定位。取下工件后，挖扩四周以油泥做角柱，重新定位工件的位置。定位完成后先以油泥填补缺失的表面，再以水平仪检测是否有歪斜不正的情况。确保定位准确后，以刮刀及刮板复原溜背该有的曲面。

同时修整散热格栅与溜背的搭接线，使其平顺工整。莫西干线也是车体焊接时的拼装线，一般都是以导雨槽的造型来隐藏焊接缝。

将实车车体存在的范围线依据曲面的法线向量仔细地逐条投影到模型上。

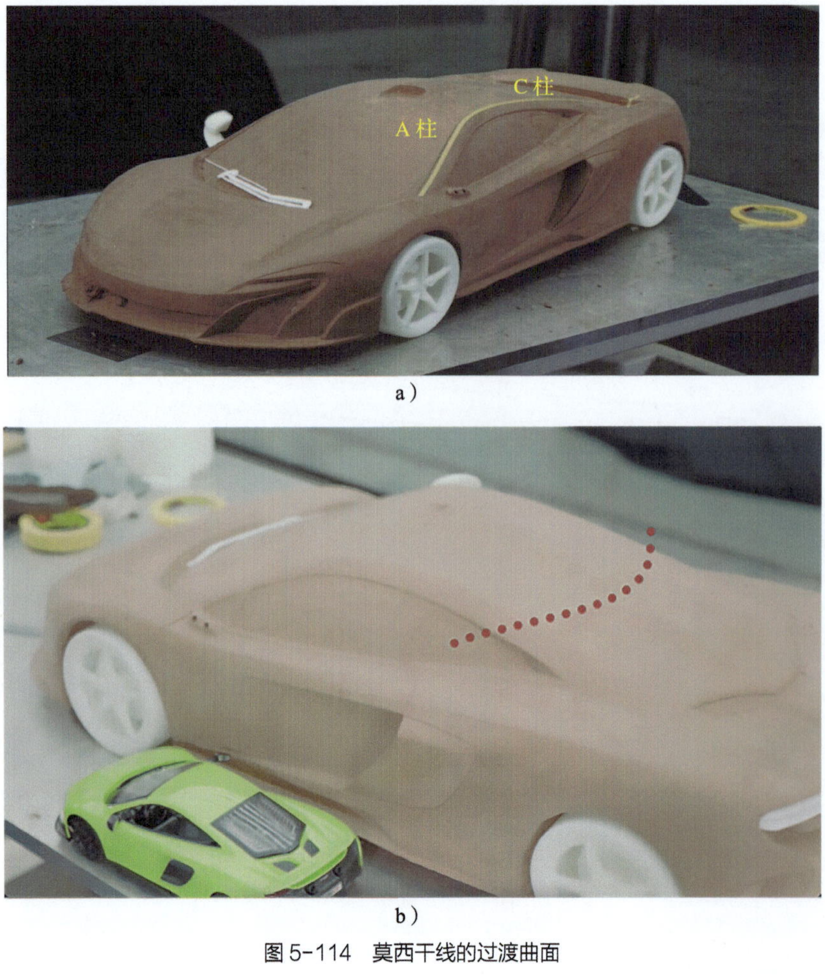

a）

b）

图5-114　莫西干线的过渡曲面

步骤 02 机盖与轮包精修

微课 5-11 机盖与轮包精修

扫描二维码，跟随视频，完成机盖与轮包的精修。

如图5-115所示，精修机盖与轮包。

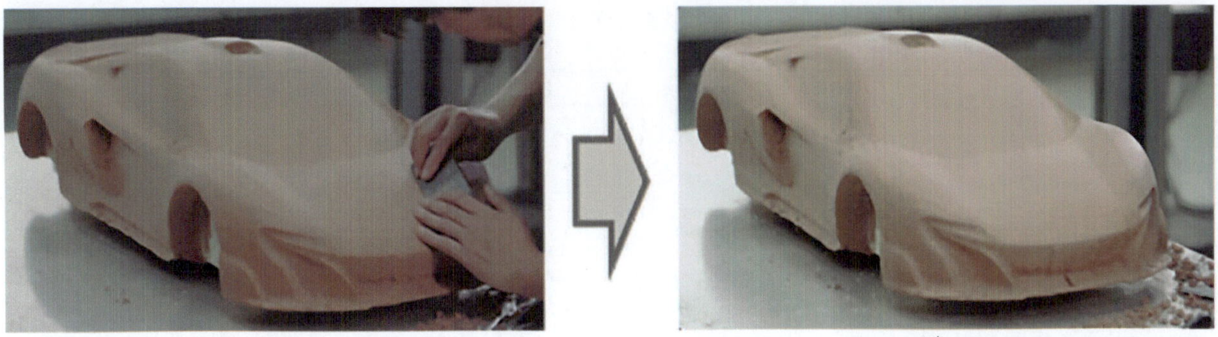

a）　　b）

图 5-115 机盖与轮包

1. 修整机盖面

机盖和A柱一样，是不同面之间集合、过渡而成的。做到这一步时会发现，它在边界的地方是跟整个车灯完全相接的。

如图5-116所示，并没有一个很明显的分界线来表明哪一部分是车灯、哪一部位是机盖。从机盖慢慢往外延伸之后，融合形成了车灯的造型。做大面的时候，一定注意要过中心线，不然两次制作的面弧度不统一，中心线附近会不顺畅。其实就是整个大面一次成形。

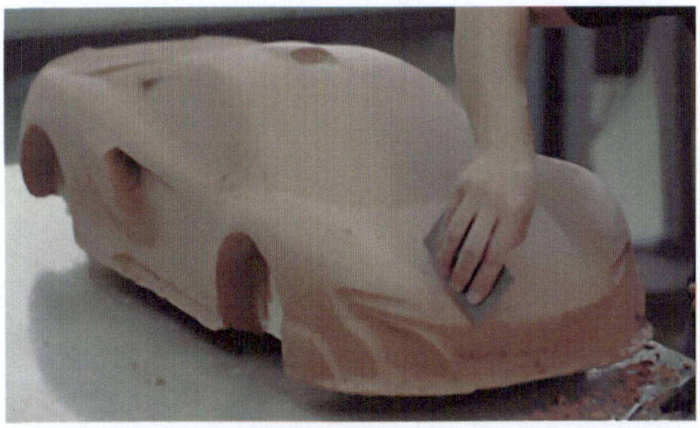

a）

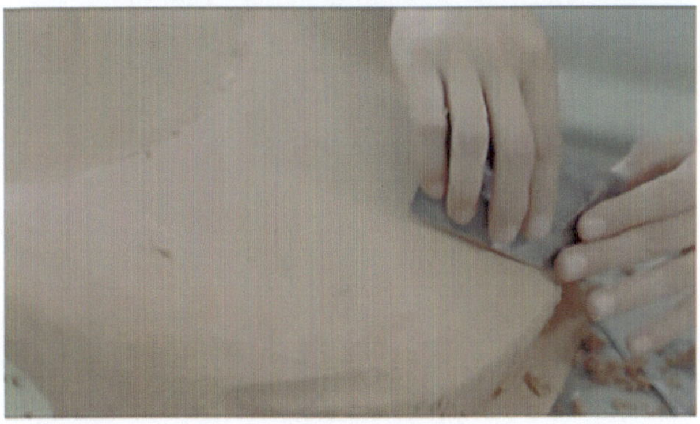

b）

图 5-116 修整机盖面

2. 修整车头面

修整完机盖面（红色区）之后，再来观察车头面（蓝色区），将这两个面融合在一起。

如图5-117所示，使用较薄的刮板，先将车头朝前的面修整出来。修整完朝上和朝前的面之后，接着使之形成一整张曲面的变化，让它从两个曲面变成一整个完整的曲面。

图5-117 修整车头面

3. 修整前灯和轮包

前灯的造型和轮包已经完全融合在了一起，所以我们在修整的时候，依次将它们修整出来。

如图5-118所示，大型快速跑过一遍之后，使用光板来对曲面进行细修。在细修之前，检查模型上的瑕疵，修整完瑕疵之后，使用光板细修整个大面。

图5-118 修整前灯与轮包

步骤 03 车灯与牌照板精修

微课 5-12 车灯与牌照板精修

扫描二维码，跟随视频，完成车灯与牌照板的精修。

如图5-119 所示，精修车灯与牌照板。

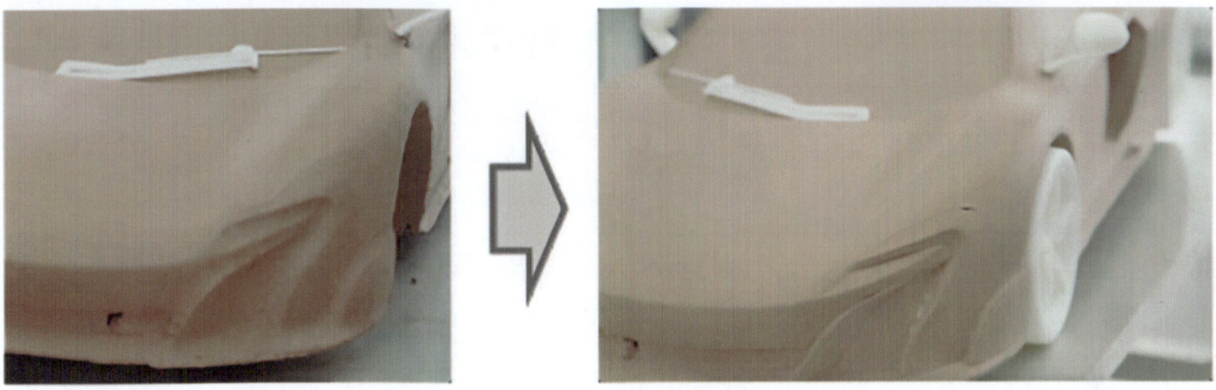

图 5-119 精修车灯与牌照板

1. 了解车灯的结构与前后梁的缓冲机制

如图5-120所示，在开始整理车灯造型前，我们先了解车灯的结构知识与前后梁的缓冲机制。

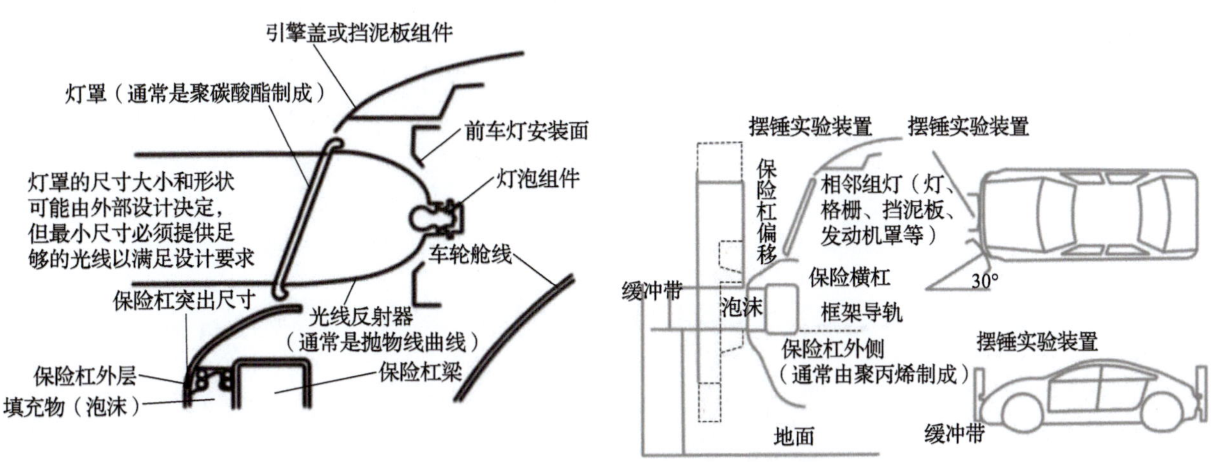

图 5-120 车灯的结构与前后梁的缓冲机制

2. 前灯眼睑的调整制作

如图5-121所示，到目前为止，所有与前灯发生关系的形面都已调整到位，可以向车灯出手了。

直到现在才能制作车灯，原因是车灯造型是在拢起、机盖、前唇、轮包的融合过渡面上切出来的，而且与基准面、集合面、过渡面都有切到。但凡少了一个，都切不出车灯的标志线型。

虽然调整前灯是一个很小的收尾变化，但是也要跟随整个大面的走向，是整个机盖造型的延续。所以我们在制作的时候，要把这两个细节的相互关系保持住。

如图5-122、图5-123所示，把车灯的投影投射到已经修正的面上。划线时需要注意其在空间当中的顺畅性。先将线条标示出来，待全部修完之后再进行整理。使用线胶，精确地将每一条线修整到位。

如图5-124所示，等到整体的相互关系全部到齐之后，就可以修正前保险杠的R角。修整过后会发觉，汽车前脸的特征基本已完整，是贯穿到车灯里面的。

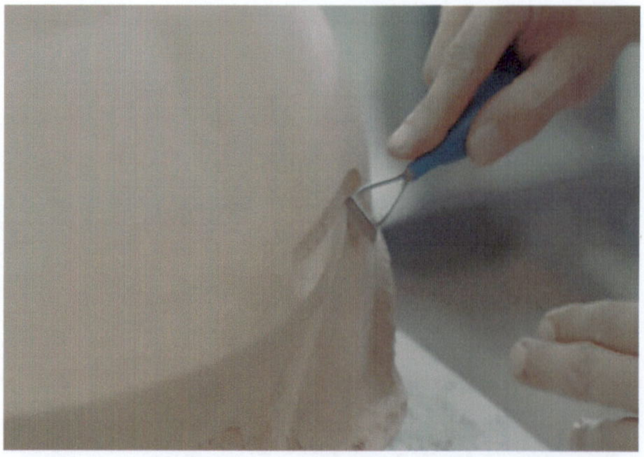

图5-121　前灯眼睑的调整

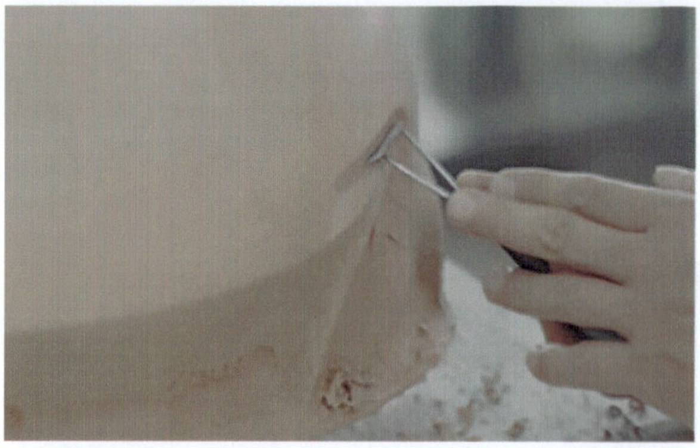

图5-122　修正前灯面

图5-123　前灯收尾

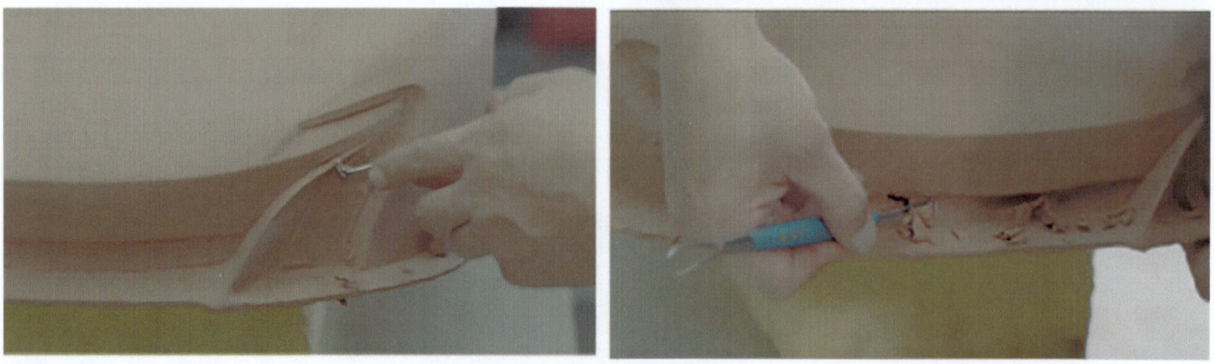

图5-124　修正前保险杠的R角

步骤 04 侧窗及侧面精修

扫描二维码，跟随视频，学习侧窗及侧面的精修。

微课 5-13 侧窗及侧面精修

如图 5-125 所示，精修侧窗及侧面。

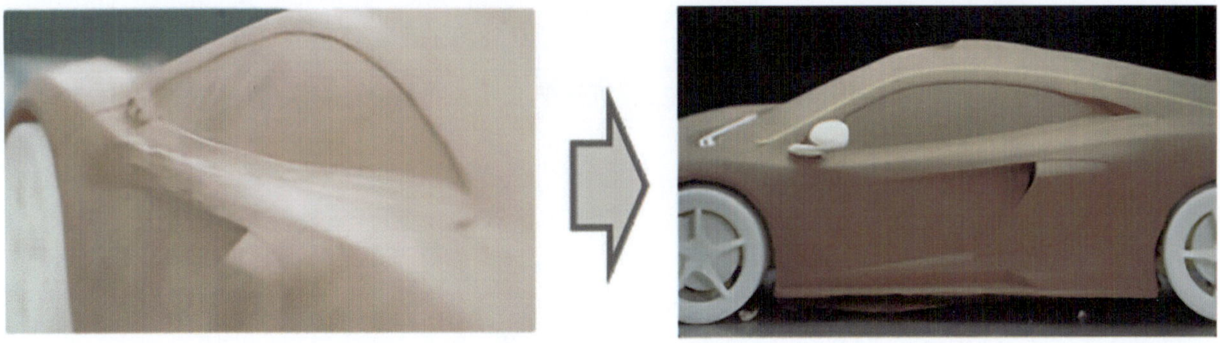

a) b)

图 5-125 精修侧窗及侧面

1. 座舱体量的调整

如图 5-126 所示，油泥披覆完成后，我们进行了简单的清面，这时模型大致的形态已经展现出来了，但是还远远达不到成品的要求。在细节部分还有欠缺的地方。接下来我们结合实车，逐步校对。

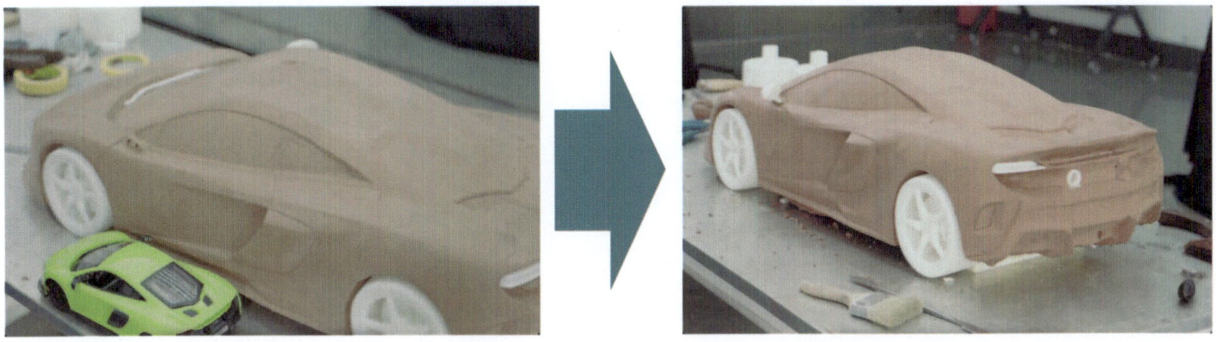

修整车侧窗的弧度与张力，同样要特别注意空间曲线的法线指向，座舱体完成后才能处理肩线细节。

图 5-126 制作车身侧面细节

如图 5-127 所示，在调整过的座舱上重新投影中心线及莫西干线，确定后开始整理座舱侧窗的曲面。后段的视觉特征是所有元素都融合成一体的。溜背、侧窗、后轮包都融合到尾灯上缘。

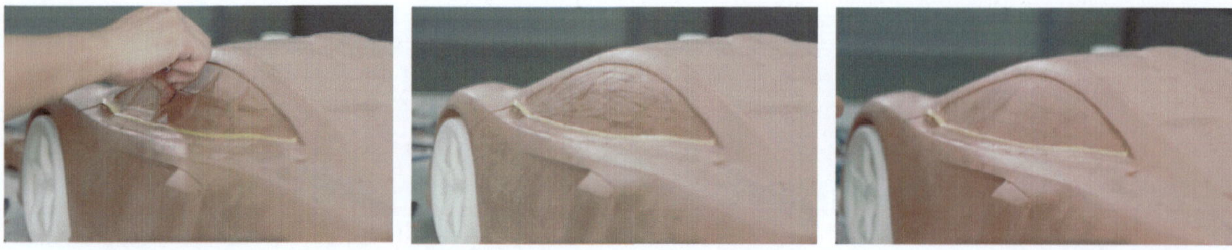

相邻曲面相交成空间曲线，对比实车调整细节变化。

图 5-127　座舱体量调整

如图5-128所示，同机盖冠状线的处理技巧一样，所有面的融合都要自然且顺畅。所以先处理溜背与C柱立面的融合关系后，再来加入后轮包，融合成渐消变化的曲面，最后再单独处理C柱与后轮包的渐消变化。

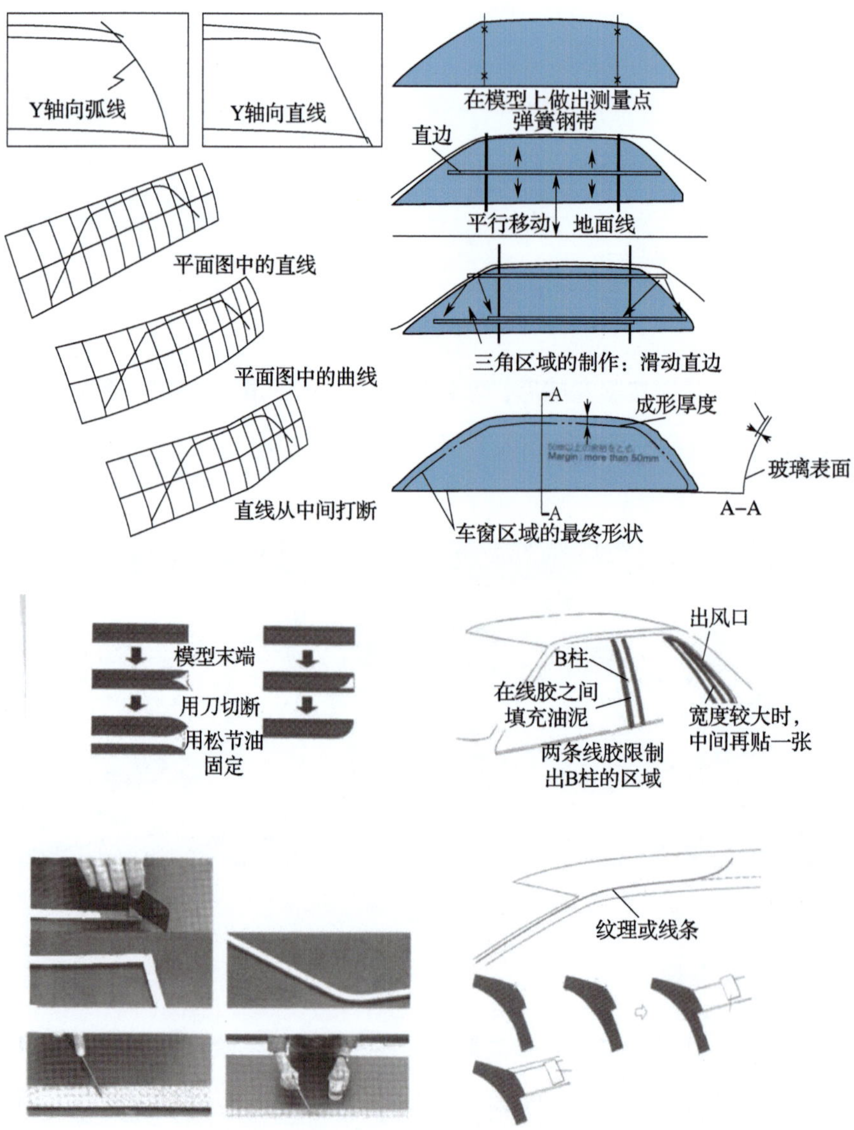

图 5-128　侧窗的结构

由于是多面相互融合，代表变化指向同一个交点。所以要先处理好车尾的曲面张力，才能推导出车窗玻璃适合的张力曲线。照着头尾顺序来调整张力，会造成头尾不连贯，曲面张力指向混乱的情况。

迈凯伦的造型手法是元素之间的关系晦暗不明、难分难舍、相互影响的，清楚剖析它们的融合顺序之后，自然就不会被迷惑住。其实本体还是常规车的布置，只是用造型技巧把关键点、线全部隐藏起来。

后气坝与车尾、轮包也是运用堆栈互融的手法，没有建立互相影响的先后顺序就会难以入手。

如图5-129和图5-130所示，侧窗烦琐的细节与关系非常磨人，而且各车厂都以此处作为与其他厂的技术壁垒，就产生了各种别出心裁的结构设计。虽然功能上只有防水隔音的基本要求，但造型翻新快速且成本低廉，只能多参与不同厂家的设计方案，来积累实务经验。

图5-129　模型侧窗面

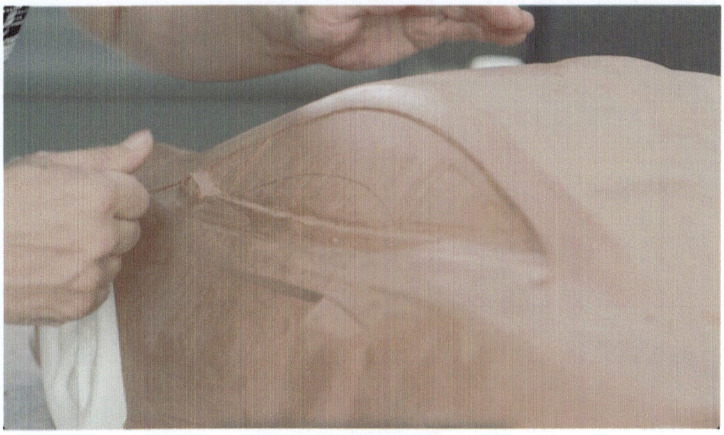

图5-130　完善侧面细节

Tips

侧窗与车身间其实有很多结构。曲面主体完成后我们就需把细节一一制作呈现，包含止水封、风切条、缓冲胶条等。每件的尺寸与层差都要依据实车严格执行呈现。

2. 窗线与C柱的调整

由于座舱体量的大幅调整，连带的窗线也得重新在空间定位。先以调整后的侧窗面为依据，往下延伸约3mm。如图5-131所示，接着在侧窗面以测试角度投影上窗线的位置，需与前车灯构形基线完全对接，过B柱后又逐渐融合进后轮包与车体的交线。投影完后要多个角度检测微调至每个方向都是顺畅自然的弧线，调整好后以线胶保护固定起来。接着以窗线为基准，侧边车身的所有面都要渐变融合到窗线，整合成一张连续的曲面，这非常考验造型手法的成熟度。

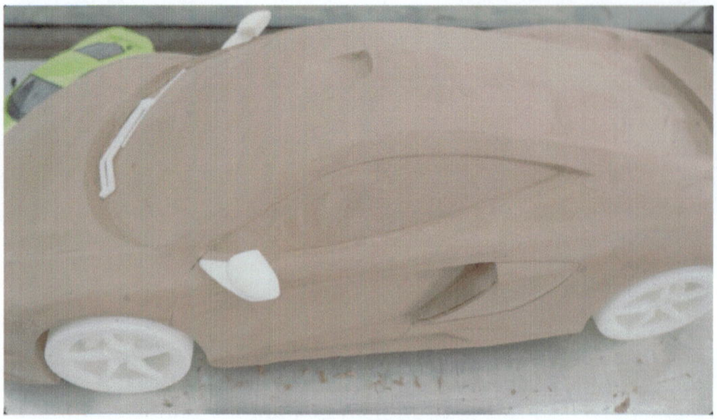

图5-131　投影窗线

首先的难点是A柱根部的形面走势要兼顾机盖边线的顺畅度，又不能阻断车灯造型基线的走势，还要兼顾前轮包的过渡。

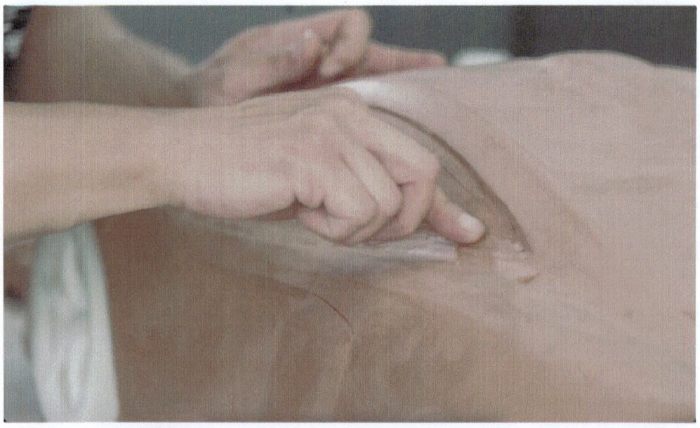

图5-132　调整侧窗线

如图5-132所示，第二个难点是后三角窗的位置需保证后轮包平顺地融入车体，又要兼顾腰身曲面融入轮包所拉出的过渡区。

如图5-133所示，第三个难点是侧裙要自然地融合到前后轮包与腰身融合的过渡区。侧裙造型从出现到隐入都要自然协调。

图5-133　协调侧裙造型

如图5-134所示，整个模型侧面就是把平衡协调运用到登峰造极的产物。我们接触到的表面钣金是基准面、集合面、过渡面层迭融合的成果。

其实，以内外来排序整个工作流程还是清晰的，轮包与腰身是最大部件，所以它们的集合面、过渡面是第一顺位。接着侧裙翅膀、前灯造型都是融入轮包的，所以它们融合产出的过渡面是第二顺位。最后三角窗是被轮包顶上去的，雨刷槽边线是被A柱撑开的，都是被影响的面，所以最后再来调整它们的变化过渡。

照着这样的顺序来制作就清晰明确了，有了问题分析，结合解题顺序自然就能应对复杂堆栈的设计手法。

图5-134　模型侧面细节展示

步骤 05 尾部精修

微课5-14　尾部精修

扫描二维码，跟随视频，学习精修尾部。

如图5-135所示，精修尾部。

a）　　b）

图5-135　精修尾部

先开始制作尾翼，如图5-136所示。

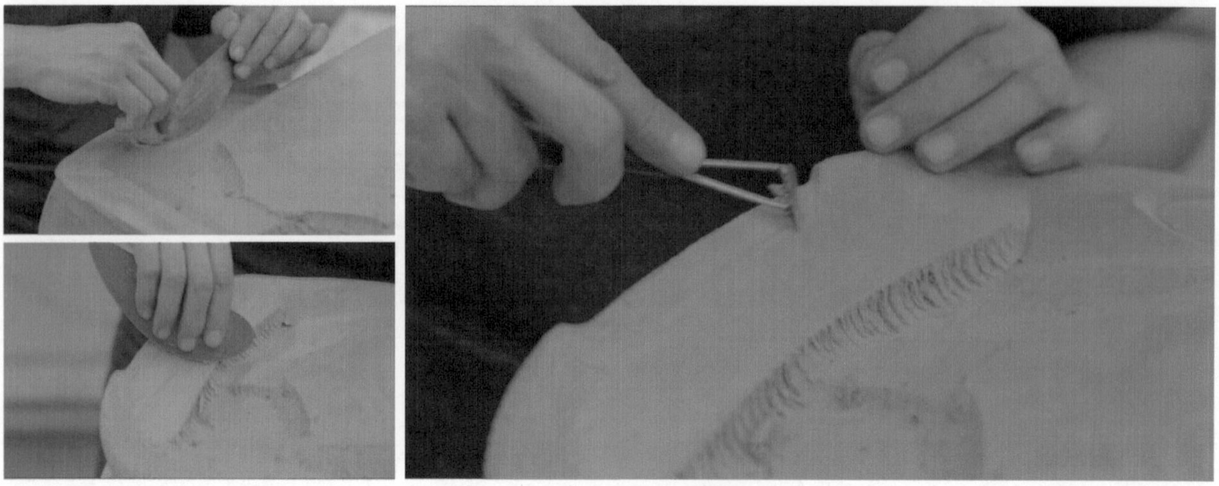

图5-136　制作尾翼

这款汽车除了在C柱附近多了一个泄压阀的设计之外，在尾翼的根部附近，同样也有一个辅助的进气口。这个辅助进气口的主要作用是增加回压。在造型上，这个设计会显现出一个小的层差，我们也需要将其修饰出来。车尾细节的特征是跟着尾翼的造型来制作的。变化也是显而易见的，压住后尾造型的主体是它的尾翼。

后挡一直连着三块玻璃，这一块比较特别。后机盖和后挡是完全结合的一个造型，所以这一块的材质也是玻璃。使用玻璃作为后机盖的材质，所以它的开启间隙会比一般的钣金件更大。因为玻璃所能承受的扭曲变形力低，更大的间隙可以避免将玻璃震碎。

如图5-137所示，我们先从大的基面开始做起。同样的，上述讲到的间隙不仅仅在机盖的正下方，在侧面也有同样的间隙。在造型部分的油泥都做好之后，使用线刀将形状边界重新框定出来。

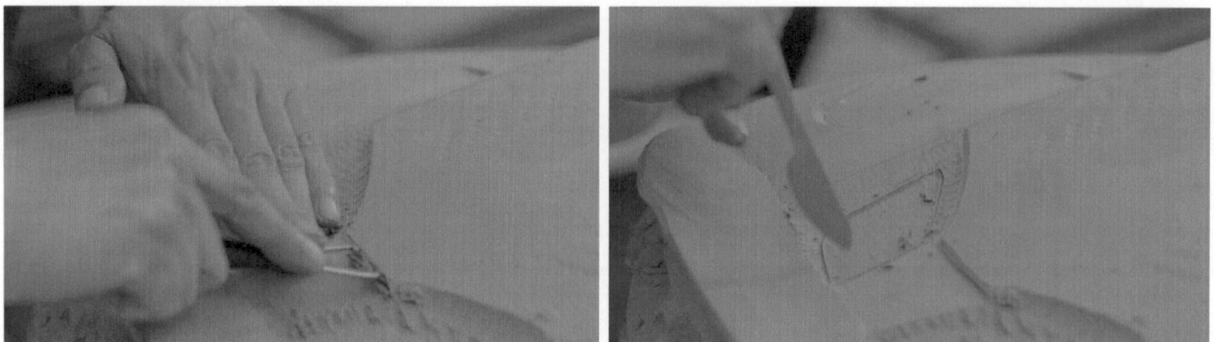

图5-137　后机盖细节制作

如图5-138所示，制作后轮包一直到尾部的造型。这个部分的造型基本上和车头前脸的造型是呼应的，所以线条的走势也是差不多的。我们开始整理此处造型的边界。使用划线刀在修整好的曲面上划出相应的边界线。据此对该部分的造型进行修整。此时排风扇口的造型也已基本完成，可以将此处的区域线描绘出来。

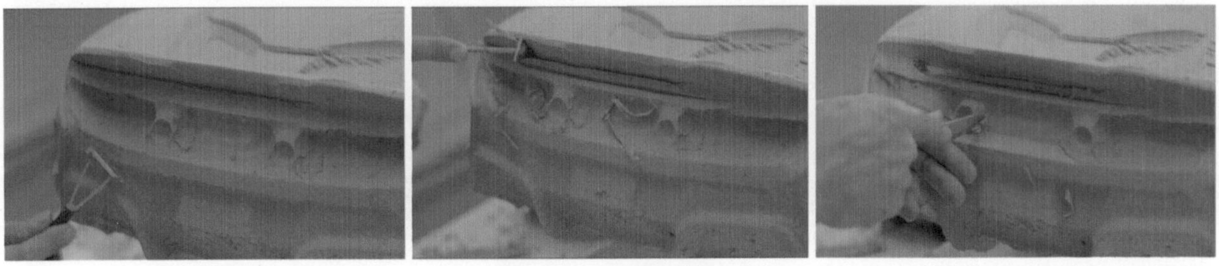

图5-138 细修后轮包

如图5-139所示，接着就可以开始制作尾灯的造型。其实整个尾灯的造型结构，就是前脸脸颊的缩小版，同样也是一个薄壳造型，参照前面的方法，将这部分的造型修整制作出来。参照实物模型，我们将尾灯的上半部分、排气筒的造型刻划出来。上半部分其实是一个贯通的薄壳状的空间，所以如果我们没有把这个薄壳的感觉修整出来，那么这个车尾的体量感就会出现问题。

图5-139 尾灯造型制作

任务 5
细节精修与零件组装

任务描述

对汽车的车灯、格栅、车门缝等细节进行精细塑造，确保与大型协调一致。最后，将各部分零件组装在一起，形成如图 5-140 和图 5-141 所示的油泥汽车模型。

图 5-140　油泥汽车模型 1

图 5-141　油泥汽车模型 2

任务实施

细节精修与零件组装的实施流程如图 5-142 所示。

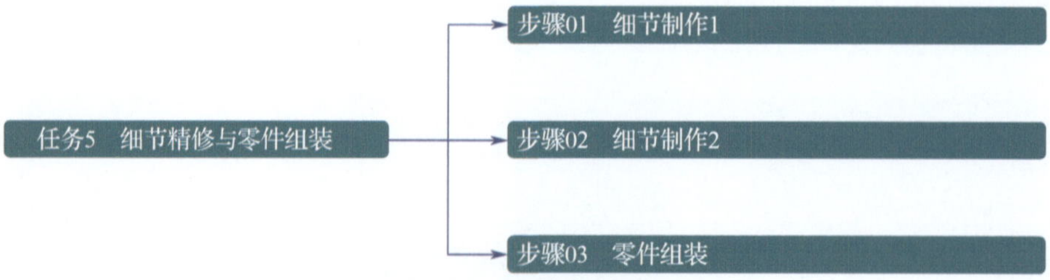

图 5-142　细节精修与零件组装的实施流程

步骤 01 细节制作 1

扫描二维码，跟随视频，学习细节制作1。

微课 5-15 细节制作 1

细节制作1如图5-143所示。

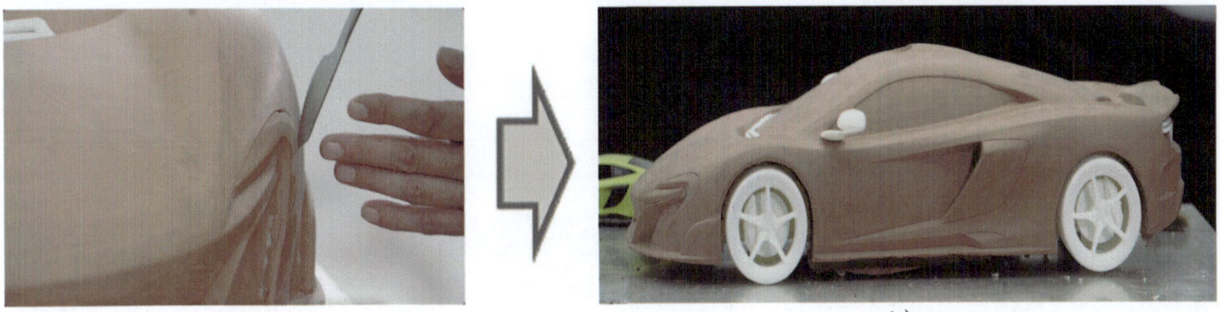

a） b）

图 5-143 细节制作 1

1. 前部细节的完善

如图5-144所示，所有的形面调整后，接着就开始收尾的工作，再从头开始完善工程细节。

车身上的刻线分为三大类。

动件：会开闭的活动部件，如车门、机盖、尾翼等。所以动件要有晃动的安全间隙，目前应控制在6mm左右。

锁合件：由螺钉锁固在车身支架上的部件，如前后保险杠、车灯、气坝等。因需考虑组装，要有3mm调整间隙。

卡扣件：直接与钣金面固定的部件，如方向灯、侧标、饰盖等。由于是弹性紧配的组装方式，间隙仅需1.5mm。

要按模型比例做出符合真实情况的间隙，才能达到真实的观感。在全比例模型上，我们会用对应线宽的勾缝刀精确地制作出来。

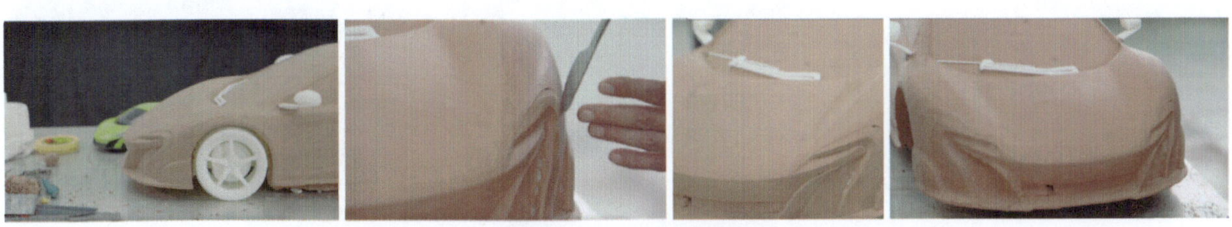

图 5-144 前部细节的完善

另一个特别之处是，油泥模型在造型讨论阶段，通常会把玻璃的熏黑区标示出来。但在最终的仿真评审时又会抹除 。

我们在造型检讨时，需验证驾驶员下、上视野及盲区的状况，所以须标示出熏黑区的范围及形状，才能完整地剔除功能缺陷。而仿真涂装为了标识部件区块，玻璃区都是贴黑色膜来代表。

车身区域分动件、锁合件、卡扣件三种。动件的活动间隙为8mm，锁合件为3mm，卡扣件为1.5mm。细节收尾时，须明确表达出各分件的属性。

2. 溜背面的融合整理

如图5-145所示，接着按照前车部的做法，将车身上的线条都呈现出来。车门线是跨过多个曲面的空间曲线，得在多个角度上顺畅转折。如同灯框线一般只能不断地调整到各方向都能顺畅转折为止，视觉看起来越单纯的东西做起来反而越难。

图5-145　溜背面的融合整理

3. 车尾部分的细修调整

如图5-146所示，依次处理贯穿灯上的各面融合关系、后轮包与溜背。最后是在尾灯边界上重合共线且相交的线是以溜背的弧度为主，所以制作的主角是溜背，轮包要逐渐过渡到溜背的曲面弧度。

做过前段的融合训练后，再来看后段造型的主从关系，相信不至于无从下手，因为手法是一样的。

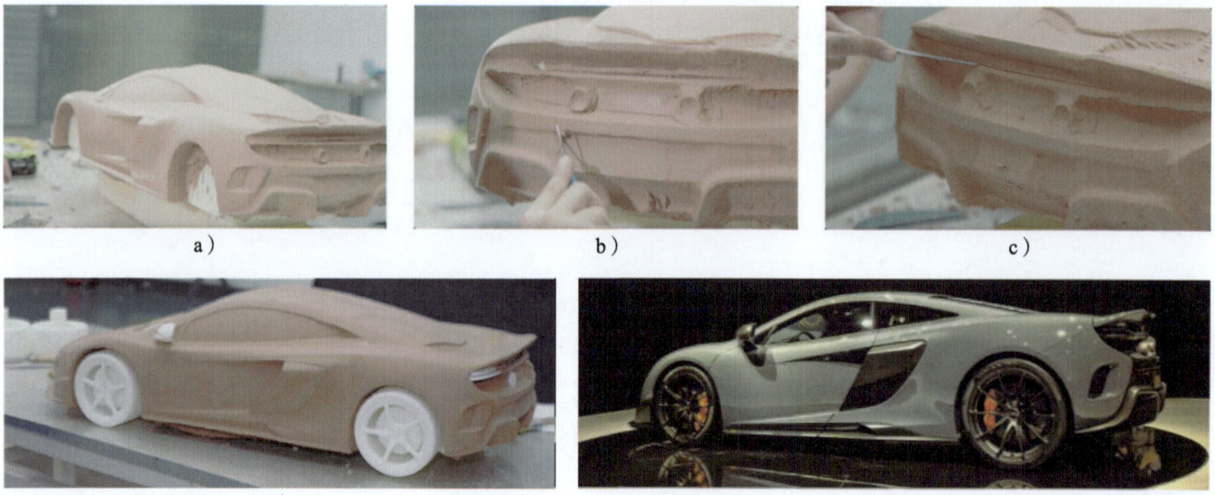

a)　b)　c)

d)　e)

图5-146　车尾部分的细修调整

接着整理后轮包与尾灯的相接面，再一次性把后保的形状变化修整出来。这里面型的关系与前唇如出一辙，尾灯上缘是有台阶的层差，而下缘与后保面则是搭接共面。只要注意车尾拐点的张力变化即可。

接着处理C柱与轮包的过渡关系后，把上部的特征线全部投影上去。这时会发现后尾翼切线的饱满度完全不对。因为尾灯也有眼神表情的需求，所以为了营造灯眉的光影，故意在后轮包往尾灯边界的过渡面上，创建了一个隐藏的立面，来创造类似眉头的阴影。手法跟前灯壳上部完全一样，只是反用成阴影。

加入隐藏灯眉的曲面变化后，再投影上尾翼切线，其线型走势就与实车完全一致了。

步骤 02 细节制作2

扫描二维码，跟随视频，学习细节制作2。

微课5-16 细节制作2

细节制作2如图5-147所示。

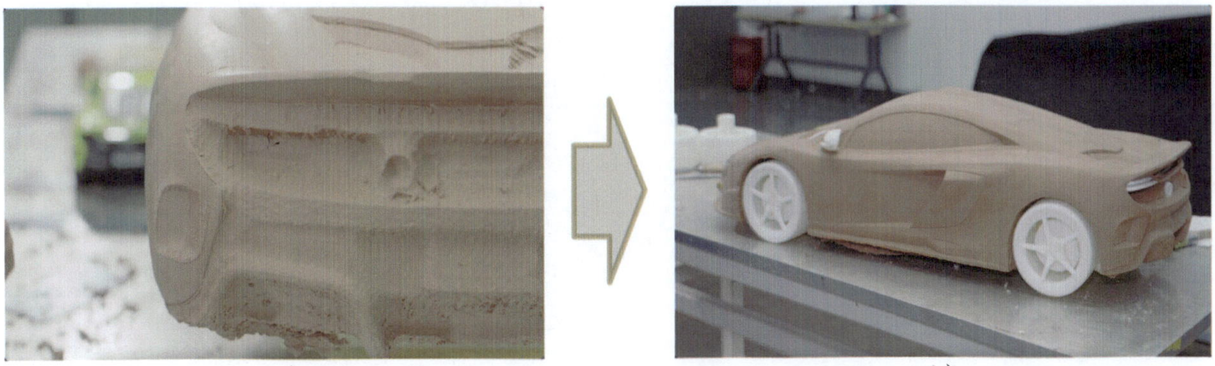

a)　　b)

图5-147　细节制作2

1. 后唇与气坝的整理

如图5-148所示，处理完后保曲面后，接着整理后唇的造型。由于后尾为了减小尾流的影响，设计了一个上翘的角度。连带后气坝的组装平面也是有倾角的，这使得拐角处的油泥很薄，且后面PU在现配时被挖掉了不少，干脆整块开挖再重上油泥，还比较扎实。整个后唇的造型手法与前唇是一致的，差异是后保造型本来就有提供稳定视觉的暗区，故不需隐藏面。这使得车尾造型的过渡处理比起车头来说要轻松不少，只要贴合后保的造型走势即可。

图 5-148　后唇与气坝的整理

同样，后气坝下缘的折边造型与前铲相比也是非常简洁的。保证好明确的相互关系即可。

如图 5-149 所示，为了头尾呼应，基本上车头使用的造型手法在车尾上都有相对的呼应点，使人有一个整体的观感，这个也是我们在造型构想时要特别注意之处。要想方设法让前后的构想有一定的联系，不仅曲面过渡要融合，造型想法也同样要融合。

图 5-149　车头与车尾首尾呼应

2. 后部细节的完善

如图 5-150 所示，前后挡虽是固定件，但因胶合到钣金车身上，且只能一次到位，所以为了合格率，其间隙放到了 6mm。这是迁就组车工艺后的结果。车顶上的排水沟同时也是座舱钣金件放电压焊成整体的焊道，最小也有 10mm 的宽度。

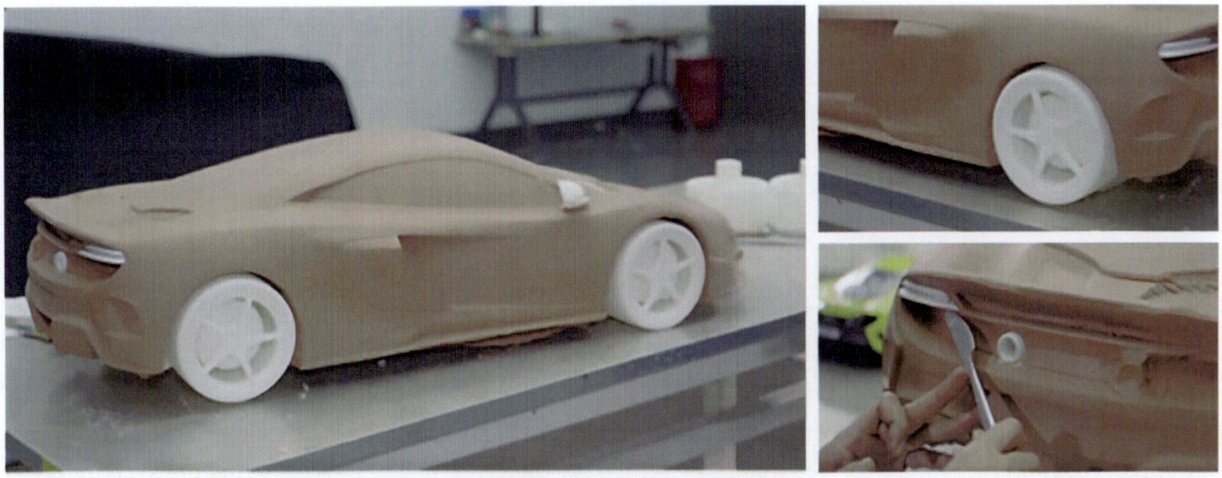

图 5-150　后部细节的完善

后挡下方的散热格栅是发动机的舱盖，所以选用动件的活动间隙。车侧的前后三角窗不像车门窗有升降的需求，所以活动间隙的宽度是不同的，只是外轮廓是对齐的部件，不细看是很难分辨出来的。

Tips

设计刻意隐藏结构交线，由过渡面来撑起全车的设计特征。故刻线时需遵从线型及法线向量，不然无法在各个角度符合原车走线。解析清楚造型技巧就没有太堆砌累赘的细节。

3. 消除加工的痕迹与棱线的圆角处理

由于外观表面有上路安全规范的约束，棱线不能有锐角。

认证时是以直径300mm的感压桶在汽车各表面上滚过，在阈值之内即为合格。所以非最外层的造型碰触不到的不在约束范围内。

消除加工的痕迹与棱线的圆角处理如图5-151所示。

图 5-151　消除加工的痕迹与棱线的圆角处理

步骤 03 零件组装

扫描二维码，跟随视频，完成零件组装。

微课 5-17 零件组装

如图 5-152 所示，组装零件。

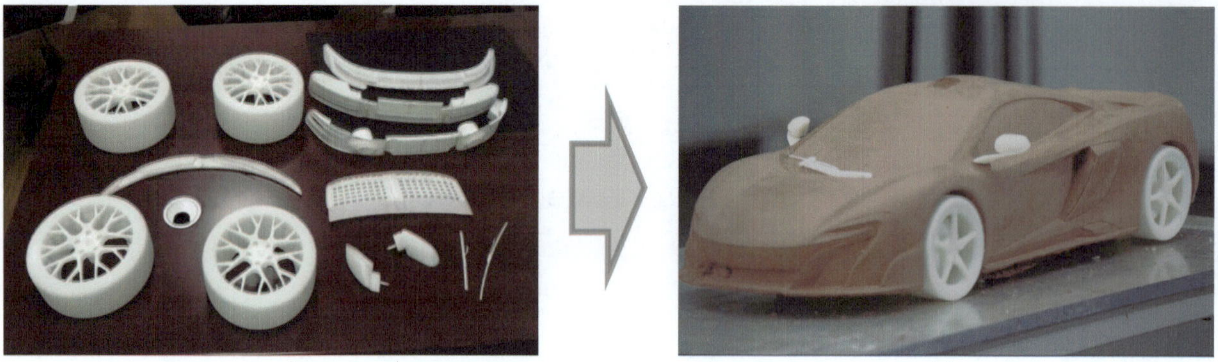

a）　　　　　　　　b）

图 5-152　零件组装

1. 工件喷涂与装配面修整

如图 5-153 所示，因为颜色对物体的视觉影响仅次于形态轮廓，所以为了更全面地感受车体造型，我们需要喷涂工件，统一颜色。

首先，小心地把配好的工件依序拆卸下来。中间有损伤到油泥的，就是间隙不足，需修整到拆装无损的程度。

接着，工件表面需去渍去油除尘后，才可进行喷涂。不然漆面会因杂质引起层状龟裂或起皱。

拆除了工件后的模型，就像维修厂里的车辆。我们需修整及补强每一个装配空间，避免后续破损。

同时，完善搭接面的细节。例如，车体是钣金件结构的产品，搭接处除了折弯补强的收边外都是空的。

图 5-153　工件喷涂与装配面修整

实际钣金件的收边折弯是15mm，超过这长度其强度效果不会大幅提升，纯属浪费材料。

造型开发的最后一轮评审，仿真车都会近乎吹毛求疵地追求所有的细节，极限地拟真。我们也要不断对细节进行观察实践，才能铸就对设计方案的掌握力。

2. 模型表面的美化

如图5-154所示，油泥模型在最终评审做造型冻结，是为了确保每个曲面变化都是达到张力顺化且走势顺接，都是贴上验光膜后，以各方向的检验光带投射上去，检测借由投影光带的变形、扭曲情况，来检测模型表面是否符合设计的预期。

进入数据时代后，开始由程序来仿真环境光源与景物在接口中检视，也就是斑马纹检测。

油泥模型的表面，只做体量与造型特征的视觉微调。所以我们要把施工使用刮刀、刮板、线胶所留下的痕迹全部消除掉，才能达到视觉质量。

由于油泥成分含有蜡及油脂，目的是达到粘黏及重复切削塑形的性能，所以刮制及触碰后，表面会产生不规则的反光，这个或多或少会给判读曲面造成干扰，所以在评审前都会用各种方法来去除这些表面视觉干扰。

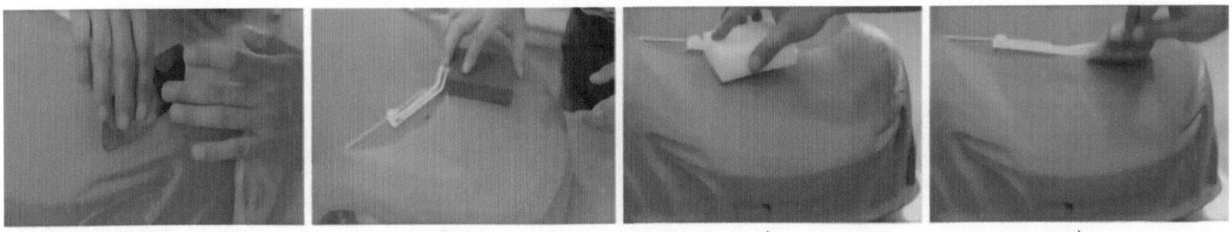

a)　　b)　　c)　　d)

图5-154　模型表面美化的操作方法

模型表面美化的操作方法如图5-155所示。简易抑制表面反光的方法，是以棉质的湿抹布轻轻地擦拭模型表面。如此可以抑制因油脂分布产生的白斑及反光。这个方法可以降低模型整体色差，但无助于施工痕迹的消除，只能快速遮瑕。

用整迭的细砂纸及非常细目的钢丝绒来打磨油泥表面，可有效地统一色差及消除刀痕。但要非常轻柔地施工，且作业时间长，需多人同时操作才能压缩作业时长。

用打磨圆滑的塑料刮板，把油泥表面压刮一遍。塑料刮板打磨圆滑后没有刀口，只会对油泥表面施压，通过压制表面使光斑及施工刀路消失，坏处是表面会因压力形成细微的波浪起伏破坏曲面。

用海绵砂纸及去污海绵打磨油泥表面，其效果与砂纸打磨的效果一样，但操作更加简便。因为是对表面做细致的研磨，所以会产生非常细小的碎屑，要用羊毛刷实时清除，以免重复粘黏。

模型表面的美化效果如图5-155所示。

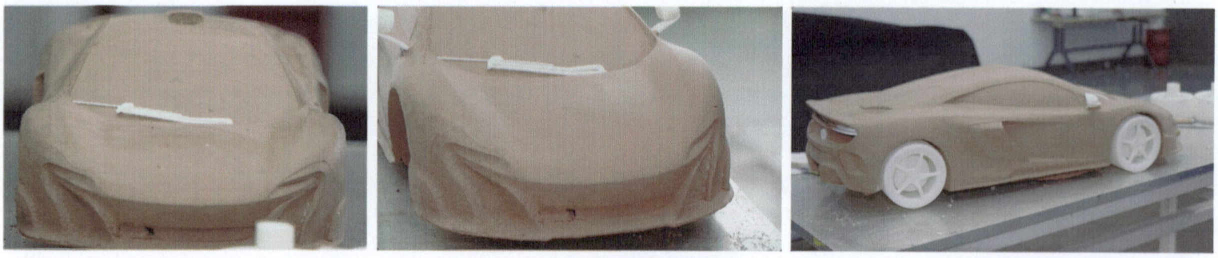

图5-155 模型表面的美化效果

3. 最后的检测

如图5-156所示，消除表面反光的干扰及组配完工件后，模型已经完全呈现实车的视觉状态。但是这时还不能自满于创造的效果。

将实车的各个角度高清照片打印出来，从每个角度对比，检测模型轮廓，待完成一套流程，是否完全符合曲面光影的品质，就难说了。所以在结案前要用所能想到最严苛的审核标准来对待自己的工作成果。

能力、技巧、成熟度会随着入行时间而与日俱增，但对参与工作的负责态度与坚持，则是设计师的职业操守。

图5-156 最后的检测

一线设计师访谈

序号	名称	二维码
访谈5-1	分析行业现状及就业环境	
访谈5-2	分析模型制作行业现状以及对从业者的要求	

参考文献

[1] 黄国林. 汽车油泥模型设计与制作 [M]. 北京：人民交通出版社，2016.

[2] 赵卫东，龙圣杰. 产品设计表达——油泥模型 [M]. 重庆：西南师范大学出版社，2008.